공기업 기계직 전공필기

기출변형모의고사 *300제*

기계의 진리

공기업 기계직 전공필기 연구소 지음

BM (주)도서출판 성안당

■ 도서 A/S 안내

저자 e-mail : jv5140py@naver.com (장태용)

본서 기획자 e-mail : coh@cyber.co.kr (최옥현)

홈페이지 : http://www.cyber.co.kr   전화 : 031) 950-6300

들어가며

　현재 시중에는 공기업 기계직과 관련된 전공 기출 문제집이 많지 않습니다. 이에 따라 시험을 준비하고 있는 사람들은 기사 문제나 여러 공무원 기출 문제 등을 통해 공부하고 있어서 공기업 기계직 시험에서 자주 출제되는 중요한 포인트를 놓칠 수 있습니다. 이에 필자는 공기업 기계직 시험을 직접 응시하여 최신 경향을 파악하고 있고, 이를 바탕으로 문제집을 만들고 있습니다.

　최근 공기업 기계직 전공 시험 문제는 개념을 정확하게 알고 있는가, 정의를 정확하게 이해하고 있는가에 중점을 두고 출제되고 있습니다. 이에 따라 본서는 자주 등장하는 중요 역학 정의 문제와 단순한 암기가 아닌 이해를 통한 해설로 장기적으로 기억될 뿐만 아니라 향후 면접에도 도움이 될 수 있도록 문제집을 만들었습니다.

[이 책의 특징]

● 최신 경향 기출 기반 6회 모의고사 수록

저자가 직접 시험에 응시하여 문제를 풀어보고 이를 바탕으로 한 100 % 기출 문제를 기반으로 한 모의고사 6회를 수록했습니다. 공기업 기계직 시험에 완벽히 대비할 수 있도록 해설에는 관련된 모든 이론, 실수할 수 있는 부분, 암기법 등을 수록했습니다. 또한, 중요 문제는 응용할 수 있도록 문제를 변형하여 출제했습니다.

● 질의응답, 필수이론 수록, 3역학 공식 모음집 수록

여러 이론을 쉽게 이해할 수 있도록 질의응답과 자주 출제되는 필수 이론을 수록하여 중요한 개념을 숙지할 수 있도록 하였습니다.

마지막으로 3역학 공식 모음집을 수록하여 공식을 쉽게 익힐 수 있도록 하였습니다.

● 변별력 있는 문제 수록

중앙공기업보다 지방공기업의 전공 시험이 난이도가 더 높습니다. 따라서 중앙공기업 전공 시험의 변별력 문제뿐만 아니라 지방공기업의 전공 시험에 대비할 수 있도록 실제 출제된 변별력 있는 문제를 다수 수록했습니다.

공기업 기계직 기출문제집 [기계의 진리 시리즈]를 통해 전공 시험에서 큰 도움이 되었으면 합니다. 모두 원하시는 목표 꼭 성취할 수 있기를 항상 응원하겠습니다.

－ 저자 장태용

중앙공기업 vs. 지방공기업

　　저자는 과거 중앙공기업에 입사하여 근무했지만 개인적으로 가치관 및 우선순위가 맞지 않아 퇴사하고 다시 지방공기업에 입사했습니다. 중앙공기업과 지방공기업을 직접 경험해 보았기 때문에 각각의 장단점을 명확하게 파악하고 있습니다.

　　중앙공기업과 지방공기업의 장단점은 다음과 같이 명확합니다.

중앙공기업(메이저 공기업 기준)	지방공기업(서울시 및 광역시 산하)
[장점] • 대기업에 버금가는 고연봉 • 높은 연봉 상승률 • 사기업 대비 낮은 업무 강도 　(다만 부서마다 업무 강도가 다름) • 지방 근무는 대부분 사택 제공	**[장점]** • 연고지 근무에 따른 만족감 상승 • 평균적으로 낮은 업무 강도 및 워라벨 　(다만 부서 및 업무에 따라 다름) • 지방 근무는 대부분 사택 제공
[단점] • 순환 근무 및 비연고지 근무	**[단점]** • 중앙공기업에 비해 낮은 연봉 • 중앙공기업에 비해 낮은 연봉 상승률

　　어떤 회사든 자신이 원하는 가치관을 모두 보장할 수는 없지만, 우선순위를 3~5개 정도 파악해서 가장 근접한 회사를 찾아 그에 맞는 목표를 설정하는 것이 매우 중요합니다.

66

가치관과 우선순위에 맞는 목표 설정!!

99

효율적인 공부방법

1. 일반기계기사 과년도 기출문제를 먼저 풀고, 보기와 문제를
   모두 암기하여 어떤 형식으로 문제가 출제되는지 파악하기
2. 과년도 기출문제와 관련된 이론을 모두 암기하기
3. 일반기계기사의 모든 이론을 꼼꼼히 암기하기
4. 위 과정을 적어도 2~3회 반복하여 정독하기

1. 과년도 기출문제만 풀고 암기하는 분들이 간혹 있습니다. 하지만 이러한 방법은 기사 자격증 시험 합격에는 무리가 없지만, 공기업 전공시험을 통과하는 데에는 그리 큰 도움이 되지 않습니다.

2. 여러 책을 참고하고, 공기업 기출문제로 어떤 것이 출제되었는지 확인하여 부족한 부분과 새로운 개념을 익힙니다.

3. 각종 공무원 7, 9급 기계공작법, 기계설계, 기계일반 기출문제를 풀어보고 모두 암기합니다.

4. 문제 풀이방과 저자가 운영하는 블로그를 적극 활용하며 백지 암기방법을 사용합니다. 또한, 요즘은 역학의 기본 정의에 관한 문제가 많이 출제되니 역학에 대해 확실히 대비해야 합니다.

5. 암기 과목에서 50%는 이해, 50%는 암기해야 하는 내용들로 구성되어 있다고 생각합니다. 예를 들어 주철의 특징, 순철의 특징, 탄소 함유량이 증가하면 발생하는 현상, 마찰차 특징, 냉매의 구비조건 등 무수히 많은 개념들은 이해를 통해 자연스럽게 암기할 수 있습니다.

6. 전공은 한 번 공부할 때 원리와 내용을 제대로 공부하세요. 세 가지 이점이 있습니다.
   - 면접 때 전공과 관련된 질문이 나오면 남들보다 훨씬 더 명확한 답변을 할 수 있습니다.
   - 향후 취업을 하더라도 자격증 취득과 관련된 자기 개발을 할 때 큰 도움이 됩니다.
   - 인생은 누구도 예측할 수 없습니다. 취업을 했더라도 가치관이 맞지 않거나 자신의 생각과 달라 이직할 수도 있습니다. 처음부터 제대로 준비했다면 그러한 상황에 처했을 때 이직하기가 수월할 것입니다.

점수 올리기　　••• Truth of Machine •••

1 시험에 대한 자세와 습관

쉽지만 틀리는 경우가 다반사입니다. 실제로 저자도 코킹과 플러링 문제를 틀린 적이 있습니다. 기밀만 보고 바로 코킹으로 답을 선택했다가 틀렸습니다. 따라서 쉽더라도 문제를 천천히 꼼꼼하게 읽는 습관을 길러야 합니다.

그리고 단위는 항상 신경써서 문제를 풀어야 합니다. 문제가 요구하는 답이 mm인지 m인지, 주어진 값이 지름인지 반지름인지 문제를 항상 꼼꼼하게 읽어야 합니다.

이러한 습관만 잘 기르면 실전에서 전공점수를 올릴 수 있습니다.

2 암기 과목 문제부터 풀고 계산 문제로 넘어가기

보통 시험은 대부분 암기 과목 문제와 계산 문제가 순서에 상관없이 혼합되어 출제됩니다. 그래서 보통 암기 과목 문제를 풀고 그 다음 계산 문제를 풉니다. 실전에서 실제로 이렇게 문제를 풀면 " 아~ 또 뒤에 계산 문제가 있네" 하는 조급한 마음이 생겨 쉬운 암기 과목 문제도 틀릴 수 있습니다.

따라서 암기 과목 문제를 풀면서 계산 문제는 별도로 ○ 표시를 해 둡니다. 그리고 암기과목 문제를 모두 푼 다음, 그때부터 계산 문제를 풀면 됩니다. 이 방법으로 문제 풀이를 하면 계산 문제를 푸는 데 속도가 붙을 것이고, 정답률도 높아질 것입니다.

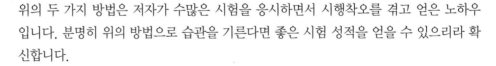

위의 두 가지 방법은 저자가 수많은 시험을 응시하면서 시행착오를 겪고 얻은 노하우입니다. 분명히 위의 방법으로 습관을 기른다면 좋은 시험 성적을 얻을 수 있으리라 확신합니다.

시험의 난이도가 어렵든 쉽든 항상 90점 이상을 확보할 수 있도록 대비하면 필기시험을 통과하는 데 큰 힘이 될 것입니다. 꼭 열심히 공부해서 90점 이상 확보하여 좋은 결과 얻기를 응원하겠습니다.

차 례

- 들어가며
- 목표설정
- 공부방법
- 점수 올리기

Truth of Machine

실전 모의고사

1회 실전 모의고사

1문제당 2점 / 점수 [   ]점

···▸ 정답 및 해설: p.18

01 벨트 전동에서 원동차와 종동차의 지름차가 크면 전동 효율이 낮아지는데, 이때 전동 효율을 높이는 방법은?

① 안내차를 사용한다.　　　　　　② 인장 풀리를 사용한다.
③ 단차를 사용한다.　　　　　　　④ 유성 기어를 사용한다.

02 두 축의 중심선을 일치시키기 어려운 경우 축간 이동이 허용되는 축이음은?

① 머프 커플링　　　　　　　　　② 셀러 커플링
③ 반중첩 커플링　　　　　　　　④ 플렉시블 커플링

03 피치원의 지름이 $200\,[\mathrm{mm}]$, 잇수가 20인 기어의 모듈은?

① 1　　　　　　　　　　　　　② 4
③ 7　　　　　　　　　　　　　④ 10

04 탄소강 조직 중 α고용체라고도 하며, α철에 최대 $0.0218\,[\%]$C까지 고용된 고용체는?

① 페라이트　　　　　　　　　　② 펄라이트
③ 시멘타이트　　　　　　　　　④ 레데뷰라이트

05 다음 설명 중 옳지 <u>못한</u> 것은?

① 이상 기체 상태 방정식은 충분히 낮은 밀도를 갖는 기체에 대해 적용할 수 있다.
② 산소의 분자량은 32이다.
③ 일반 기체 상수가 가장 큰 기체는 수소이다.
④ 이산화탄소의 분자량은 44이다.

06 축을 설계할 때 고려해야 할 조건으로 옳지 <u>못한</u> 것은?

① 변형　　　　　　　　　　　　② 열팽창
③ 경도　　　　　　　　　　　　④ 강도

07 $\sigma_x = 300$ [MPa], $\sigma_y = 200$ [MPa], $\tau_{xy} = 100$ [MPa]일 때, 최대 주응력[MPa]과 최대 전단 응력 [MPa]은 얼마인가? (단, $\sqrt{5} = 2.2$로 계산)

① 250 [MPa], 80[MPa]
② 80 [MPa], 250[MPa]
③ 110 [MPa], 360[MPa]
④ 360 [MPa], 110[MPa]

08 중력 가속도가 9.8 [m/s²]인 곳에서 중량이 98 [N]인 유체의 질량은 약 몇 [kg] 인가?

① 9.8 [kg]
② 10 [kg]
③ 1000 [kg]
④ 9800 [kg]

09 이상 유체(Ideal fluid)에 대해 유체에 가해지는 일이 <u>없는</u> 경우, 유체의 속도와 압력, 위치 에너지 사이의 관계를 나타낸 식은 무엇인가?

① 보일의 법칙
② 오일러 방정식
③ 나비에 스토크스 방정식
④ 베르누이 방정식

10 $4,000$ [kg]의 하중을 받는 엔드 저널의 지름과 길이는? (단, 허용 굽힘 응력 σ_b: 4 [kg/mm²], 허용 베어링 압력 P_a: 0.3 [kg/mm²])

① $d = 80.7$ [mm], $l = 140$ [mm]
② $d = 85.7$ [mm], $l = 144$ [mm]
③ $d = 90.7$ [mm], $l = 147$ [mm]
④ $d = 95.7$ [mm], $l = 150$ [mm]

11 다음 중 래칫 휠의 역할에 대한 설명으로 옳지 <u>않은</u> 것은?

① 힘의 전달
② 역전 방지
③ 나눔 작용
④ 완충 작용

12 금속 조직 중 경도가 작은 순서대로 알맞게 나열한 것은?

① 시멘타이트－마텐자이트－트루스타이트－베이나이트－소르바이트－펄라이트－오스테나이트－ 페라이트
② 펄라이트－오스테나이트－페라이트－소르바이트－베이나이트－트루스타이트－마텐자이트－ 시멘타이트
③ 페라이트－오스테나이트－펄라이트－소르바이트－베이나이트－트루스타이트－마텐자이트－ 시멘타이트
④ 오스테나이트－페라이트－펄라이트－소르바이트－베이나이트－트루스타이트－마텐자이트－ 시멘타이트

13 냉간 가공과 비교하여 열간 가공의 특징으로 옳지 <u>않은</u> 것은?

① 동력이 많이 든다.　　　　　　　　② 가공 경화가 발생하지 않는다.
③ 제품 표면이 더 거칠다.　　　　　　④ 재결정 온도 이상에서 가공한다.

14 다음 중 초기 재료의 형태가 분말인 신속 조형 기술을 <u>모두</u> 고른 것은?

㉠ 선택적 레이저 소결(SLS)　　　　㉡ 융착 모델링(FDM) ㉢ 3차원 인쇄(3DP)　　　　　　　　㉣ 박판 적층법(LOM) ㉤ 광조형법(SLA)

① ㉠, ㉢　　　　　　　　　　　　② ㉢, ㉤
③ ㉠, ㉡, ㉤　　　　　　　　　　④ ㉡, ㉢, ㉤

15 재료를 강하게 만들기 위해 변태점 이상의 온도인 오스테나이트 영역까지 가열한 후 물이나 기름 같은 냉각제 속에 집어넣어 급냉시킴으로써 강도와 경도가 큰 마텐자이트 조직을 만들기 위한 열처리 조작은?

① 담금질(Quenching, 퀜칭)　　　　② 뜨임(Tempering, 탬퍼링)
③ 풀림(Annealing, 어닐링)　　　　　④ 불림(Normalizing, 노멀라이징)

16 베어링의 호칭번호가 6026 P5일 때 안지름 값은 몇 [mm]인가?

① 100　　　　　　　　　　　　　② 120
③ 130　　　　　　　　　　　　　④ 140

17 압축 점화 내연기관의 기본이 되는 이상적인 사이클로 옳은 것은?

① Dissel 사이클　　　　　　　　　② Otto 사이클
③ Ericsson 사이클　　　　　　　　④ Stirling 사이클

18 V 벨트의 특성으로 옳지 <u>않은</u> 것은?

① V 벨트의 각도는 보통 40°이다.
② V 벨트 전동에서 회선 방향을 바꿀 때는 엇걸기를 한다.
③ V 벨트의 종류에는 M, A, B, C, D, E의 6가지가 있다.
④ V 벨트가 끊어졌을 때는 이어서 사용할 수 없다.

19 랭킨 사이클의 각 점에서의 엔탈피가 다음과 같다. 이때, 사이클의 이론 열효율은 약 [%]인가?

(단, 펌프 일은 무시해도 된다.)

• 보일러 입구: $60[\text{kJ/kg}]$	• 보일러 출구: $900[\text{kJ/kg}]$
• 응축기 입구: $500[\text{kJ/kg}]$	• 응축기 출구: $58[\text{kJ/kg}]$

① $45[\%]$
③ $50[\%]$
② $48[\%]$
④ $53[\%]$

20 굽힘 응력 σ_b, 단면계수를 Z라고 할 때, 휨만 작용하는 원형 실체 축에서 굽힘 모멘트 M은?

① $M = \dfrac{1}{4}\sigma_b Z$
② $M = \dfrac{\sigma_b}{Z}$
③ $M = Z\sigma_b^2$
④ $M = \sigma_b Z$

21 다음 중 감속 장치로 많이 사용되는 유성 기어의 구성 요소가 <u>아닌</u> 것은?

① 링 기어(Ring Gear)
② 캐리어(Plane Carrier)
③ 래크 기어(Rack Gear)
④ 태양 기어(Sun Gear)

22 공동 현상을 방지하는 방법으로 옳지 <u>못한</u> 것은?

① 흡입 양정을 짧게 한다.
② 양흡입 펌프를 사용한다.
③ 입축 펌프를 사용한다.
④ 회전차가 물속에 완전히 잠기지 않게 한다.

23 스프링 상수가 k인 스프링을 4등분하여 자른 후 각각의 스프링을 오른쪽 그림과 같이 연결했을 때, 이 시스템의 고유 각진동수(ω_n)는 약 몇 [rad/s]로 도출되는가?

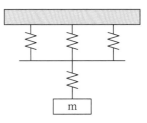

① $\omega_n = \sqrt{\dfrac{5k}{m}}$
② $\omega_n = \sqrt{\dfrac{k}{m}}$
③ $\omega_n = \sqrt{\dfrac{3k}{m}}$
④ $\omega_n = \sqrt{\dfrac{2k}{m}}$

24 펌프 1대에서의 유량은 Q, 양정은 H이다. 그렇다면, 성능이 같은 3대의 펌프를 병렬로 연결했을 때, 양정과 유량은 얼마인가?

① 유량 $- 9Q$, 양정 $- H$
② 유량 $- 9Q$, 양정 $- 3H$
③ 유량 $- 3Q$, 양정 $- 3H$
④ 유량 $- 3Q$, 양정 $- H$

25 원형 단면을 가진 관 내에 유체가 완전 발달된 비압축성 층류 유동으로 흐를 때 전단 응력은 얼마인가?

① 관 벽에서 0이고, 중심선에서 최대이며, 선형 분포로 변한다.
② 중심에서 0이고, 중심선으로부터 거리에 비례하여 변한다.
③ 전 단면에 걸쳐 일정하다.
④ 중심에서 0이고, 중심선으로부터 거리의 제곱에 비례하여 변한다.

26 브로칭 작업에서 브로치를 운동 방향에 따라 분류했을 때 해당하지 <u>않는</u> 것은?

① 인발 브로치   ② 압출 브로치
③ 회전 브로치   ④ 전조 브로치

27 다음 설명 중 옳지 <u>못한</u> 것은?

① 에너지선은 항상 수력 기울기선 위에 있다.
② 베르누이 방정식은 질량 보존의 법칙을 나타낸다.
③ 질량과 속도의 곱을 운동량이라고 한다.
④ 레이놀즈 수의 물리적 의미는 점성력과 관성력의 비이다.

28 저온 뜨임의 특성으로 가장 거리가 <u>먼</u> 것은 무엇인가?

① 연마 균열 방지   ② 치수의 경년 변화 방지
③ 담금질에 의한 응력 제거   ④ 내마모성 저하

29 다음 중 차원이 <u>다른</u> 하나는 무엇인가?

① 내부 에너지   ② 엔탈피
③ 엔트로피   ④ 일

30 모형 잠수함의 거동을 조사하기 위해 바닷물 속에서 실험을 수행하고자 한다. 잠수함의 실형과 모형의 크기 비율은 8 : 1로 주어졌다. 실제 잠수함이 9 [m/s]로 운전되기 위한 모형의 속도는?

① 36 [m/s]   ② 18 [m/s]
③ 72 [m/s]   ④ 144 [m/s]

31 가역 단열 과정에서 엔트로피 변화는 어떻게 되는가?

① $\Delta S > 0$ ② $\Delta S < 0$
③ $\Delta S = 0$ ④ 알 수 없다.

32 다음 중 세탄가의 공식으로 옳은 것은?

① $\dfrac{\text{세탄}}{(\text{노멀헵탄})+(\text{세탄})}$

② $\dfrac{\text{세탄}}{(\text{노멀헵탄})+(\alpha-\text{메틸나프탈렌})}$

③ $\dfrac{\text{세탄}}{(\text{세탄})+(\alpha-\text{메틸나프탈렌})}$

④ $\dfrac{\text{노멀헵탄}}{(\text{세탄})+(\alpha-\text{메틸나프탈렌})}$

33 나사 곡선이 원통을 한 바퀴 돌아 축 방향으로 나아가는 거리를 무엇이라고 하는가?

① 피치
② 리드각
③ 유효 지름
④ 리드

34 탄소강에서 탄소 함유량이 증가할 때, 감소하는 것을 <u>모두</u> 고르면 몇 개인가?

전기 저항,   비중,   열팽창 계수,   용융점,   비열

① 1개
② 2개
③ 3개
④ 4개

35 인벌류트 치형에 대한 설명으로 옳지 <u>않은</u> 것은?

① 피치점이 완전히 일치되지 않으면 물림이 잘 되지 않는다.
② 축간 거리가 약간 달라도 회전비에는 영향이 없다.
③ 미끄러짐으로 인해 마멸의 정도가 심하다.
④ 호환성이 우수하며, 치형의 가공이 비교적 용이하다.

36 동관, 황동관, 알루미늄관의 호칭 지름이 나타내는 것은?

① 파이프의 유효 지름
② 파이프의 길이
③ 파이프의 단면적
④ 파이프의 바깥지름

37 전동차의 차축과 같이 주로 굽힘만 작용하는 속이 꽉 찬 원형축에 있어서 굽힘 모멘트가 $30\,[\text{N}\cdot\text{mm}]$이고, 허용 굽힘 응력이 $20\,[\text{N}/\text{mm}^2]$일 때, 축의 지름은 얼마인가? (단, $\pi=3$)

① $\sqrt[4]{16}$
② $\sqrt[3]{32}$
③ $\sqrt[3]{16}$
④ $\sqrt[4]{32}$

38 어떤 액체에 압력을 가했더니 액체의 체적이 $10\,[\%]$ 감소했다. 이때, 가한 압력은 얼마인가?

(단, 액체의 체적 탄성 계수는 $200\,[\text{N}/\text{m}^2]$이다.)

① $5\,[\text{N}/\text{m}^2]$
② $10\,[\text{N}/\text{m}^2]$
③ $15\,[\text{N}/\text{m}^2]$
④ $20\,[\text{N}/\text{m}^2]$

39 소성 가공법에 대한 설명으로 옳지 <u>않은</u> 것은?

① 압출: 상온 또는 가열된 금속을 용기 내의 다이를 통해 밀어내어 봉이나 관 등을 만드는 가공법
② 인발: 금속봉이나 관 등을 다이를 통해 축 방향으로 잡아당겨 지름을 줄이는 가공법
③ 압연: 열간 및 냉간에서 금속을 회전하는 두 개의 롤러 사이를 통과시켜 두께나 지름을 줄이는 가공법
④ 전조: 형을 사용하여 판상의 금속 재료를 굽혀 원하는 형상으로 변형시키는 가공법

40 스터드 용접의 작업 순서로 옳은 것은?

① 모재에 스터드 고정 및 스터드를 내부에 있는 페룰에 의한 통전－스터드를 들어올려 아크 발생－통전을 유지하고 가압 스프링으로 가압－용접 완료
② 모재에 스터드 고정 및 스터드를 둘러싸고 있는 페룰에 의한 통전－스터드를 들어올려 아크 발생－통전을 단절하고 가압 스프링으로 가압－용접 완료
③ 모재에 스터드 고정 및 스터드를 내부에 있는 페룰에 의한 통전－스터드를 들어올려 아크 발생－통전을 단절하고 가압 스프링으로 가압－용접 완료
④ 모재에 스터드 고정 및 스터드를 내부에 있는 페룰에 의한 통전－스터드를 들어올려 아크 발생－통전을 단절하고 접시 스프링으로 가압－용접 완료

41 온도 차이 ΔT, 열전도율 K, 두께 T, 열전달 면적 A인 벽을 통한 열전달율이 Q이다. 벽의 열전도율이 4배가 되고 벽의 두께가 2배가 되는 경우, 열전달률은 Q의 몇 배가 되는가? (단, 다른 조건은 동일하다.)

① $\dfrac{1}{2}$ ② 1
③ 2   ④ 4

42 응력 집중 현상에 대한 설명으로 옳지 <u>못한</u> 것은?

① 응력 집중 계수는 노치부의 [평균 응력/단면부의 최대 응력]의 비이다.
② 응력 집중은 모서리 부분, 단면적이 급격히 변하는 부분, 구멍 등에서 발생한다.
③ 응력 집중을 완화시키려면 필렛부의 곡률 반지름을 크게 한다.
④ 단면 변화 부분에 숏피닝, 롤러 압연 처리 및 열처리를 시행하여 그 부분을 강화시키거나 표면 가공 정도를 좋게 하여 응력 집중을 완화시킬 수 있다.

43 관 마찰 계수가 일정할 때, 배관 쪽을 흐르는 유체의 손실 수두에 관한 설명으로 옳은 것은?

① 관 길이에 반비례한다.   ② 유체의 밀도에 반비례한다.
③ 관 내경의 제곱에 반비례한다.   ④ 유속의 제곱에 비례한다.

44 초경합금 바이트의 노즈 반지름이 0.5 [mm]인 것으로 이송을 0.4 [mm/rev]로 주면서 다듬질을 하려고 한다. 이때 가공면의 표면 거칠기 이론값은 몇 [mm]인가?

① 0.04　　　　　　　　　② 0.06

③ 0.12　　　　　　　　　④ 0.24

45 반지름 방향으로 왕복 운동하여 관의 직경을 줄이는 가공 방법은 무엇인가?

① 인발　　　　　　　　　　② 전조

③ 압출　　　　　　　　　　④ 스웨이징

46 스프링강에 반드시 첨가해야 하는 원소는 무엇인가?

① Si　　　　　　　　　　　② Mo

③ Mn　　　　　　　　　　　④ P

47 전자기파 전파에 의한 열전달 현상인 열복사의 파장 범위는 대략 얼마인가?

① $0.01{\sim}100$ [μm]　　　　② $0.1{\sim}100$ [μm]

③ $1{\sim}100$ [μm]　　　　　④ $10{\sim}100$ [μm]

48 절삭 공구의 피복 재료로 사용할 수 <u>없는</u> 것은?

① 티타늄 화합물(TiC)　　　　② 티타늄 질화물(TiN)

③ 텅스텐 탄화물(WC)　　　　④ 알루미늄 산화물(Al_2O_3)

49 어떤 이상 기체의 압력이 10 [%] 낮아지고 온도가 30 [℃] 내려갔을 때, 밀도 변화가 없다면 초기 온도는 몇 [℃]인가?

① 27 [℃]　　　　　　　　② 47 [℃]

③ 227 [℃]　　　　　　　　④ 273 [℃]

50 축의 비틀림 강도를 고려하여 원형축에 비틀림 모멘트를 가했을 때, 비틀림각을 구할 수 있다. 그렇다면 비틀림각에 관한 설명으로 옳지 <u>않은</u> 것은?

① 비틀림 모멘트와 비틀림각은 비례한다.
② 비틀림각은 극관성 모멘트에 비례한다.
③ 횡탄성 계수가 작을수록 비틀림각은 증가한다.
④ 축의 길이가 증가할수록 비틀림각은 증가한다.

회 실전 모의고사 **정답 및 해설**

01	②	02	④	03	④	04	①	05	③	06	③	07	④	08	②	09	④	10	③
11	④	12	③	13	①	14	①	15	①	16	③	17	①	18	②	19	②	20	④
21	③	22	④	23	③	24	④	25	②	26	④	27	②	28	④	29	③	30	③
31	④	32	③	33	④	34	③	35	①	36	④	37	③	38	④	39	④	40	②
41	③	42	①	43	④	44	①	45	④	46	③	47	②	48	③	49	①	50	②

01
정답 ②

원동차와 종동차의 지름차가 크면 풀리의 접촉각이 작아져서 벨트의 미끄럼이 발생한다. 이때 인장 풀리를 사용하면 접촉각이 증가되어 미끄럼이 감소하게 된다. 즉, 인장 풀리는 접촉각과 벨트의 장력을 증가시키므로 확실한 전동을 위해 사용되는 장치이다.

02
정답 ④

• 플렉시블 커플링: 두 축의 중심선을 일치시키기 곤란한 경우, 토크의 변동으로 충격을 받는 경우, 고속 회전으로 진동을 일으키는 경우 충격과 진동을 완화시켜 주기 위해 이용한다.

[고정 커플링의 종류]
• 원통형 커플링: 머프, 반중첩, 마찰 원통, 분할 원통, 셀러 커플링 등
• 플랜지 커플링

03
정답 ④

$$m = \frac{D_p}{Z} = \frac{200}{20} = 10$$

여기서, m: 모듈, D_p: 피치원의 지름, Z: 잇수

04
정답 ①

• 페라이트: α고용체라고도 하며, α철에 최대 0.0218 [%]C까지 고용된 고용체로 전연성이 우수하며, A2점 이하에서는 강자성체이다. 또한, 투자율이 우수하고, 열처리는 불량하다. [체심 입방 격자]
• 펄라이트: 0.77 [%]C의 고용체(오스테나이트)가 727 [℃]에서 분열하여 생긴 α고용체(페라이트)와 시멘타이트(Fe_3C)가 층을 이루는 조직으로, 723도의 공석 반응에서 나타난다. 그리고 강도가 크며, 어느 정도의 연성을 가진다.
• 시멘타이트: 철과 탄소가 결합된 탄화물로 탄화철이라고 불리우며, 탄소량이 6.68 [%]인 조직이다. 단단하고 취성이 크다.

- 레데뷰라이트: 2.11 [%]C의 γ고용체(오스테나이트)와 6.68 [%]C의 시멘타이트(Fe_3C)의 공정 조직으로 4.3 [%]C인 주철에서 나타나는 조직이다.
- 오스테나이트: γ철에 최대 2.11 [%]C까지 용입되어 있는 고용체이다. (면심 입방 격자)

05
정답 ③

$R = \dfrac{\bar{R}}{m}$ (단, $\bar{R}$ (일반 기체 상수)=8.314 [kJ/kmol · K], R: 기체 상수, m: 분자량)

따라서, 기체 상수(R)는 [일반 기체 상수/분자량]으로 도출될 수 있다.

분자량은 산소 32, 질소 28, 공기 29, 이산화탄소 44이므로 질소의 기체 상수가 가장 크다는 것을 알 수 있다. 일반 기체 상수는 모두 동일하기 때문에 ③은 옳지 못한 표현이다.

06
정답 ③

[축을 설계할 때 고려해야 할 조건]

강성, 변형, 강도, 진동, 부식, 열팽창, 열응력, 충격, 위험 속도, 응력 집중 등

07
정답 ④

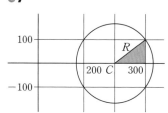

위 그림처럼 모어원을 그린다. C(원의 중심)는 [300+200]/2로 250으로 도출된다.

음영으로 표시된 직각 삼각형에서 밑변 50과 높이 100을 이용하여 피타고라스 정리를 사용하면 R(모어원의 반지름)가 도출된다.

즉, $R^2 = 50^2 + 100^2$으로 $R = \sqrt{2500+10000} = \sqrt{12500} = 50\sqrt{5} = 50 \times 2.2 = 110$

- 최대 주응력: C(원의 중심)+R=250+110=360 [MPa]
- 최소 주응력: C(원의 중심)−R=250−110=140 [MPa]
- 최대 전단 응력: R(모어원의 반지름)=110 [MPa]

08
정답 ②

F(무게)=m(질량)·g(중력 가속도)이므로 98 [N]=m(질량)·9.8 [m/s²]

즉, m(질량)=$\dfrac{98\,[N]}{9.8\,[m/s^2]}$=10 [kg]

09

[베르누이 가정]
- 정상류, 비압축성, 유선을 따라 입자가 흘러야 한다, 비점성(유체 입자는 마찰이 없다는 의미)
- $\dfrac{P}{\gamma}+\dfrac{V^2}{2g}+Z=C$ 즉, 압력 수두+속도 수두+위치 수두=Constant
- 압력 수두+속도 수두+위치 수두=에너지선,   압력 수두+위치 수두=수력 구배선

[베르누이 예시]
2개의 공 사이에 기류를 불어 넣으면 속도가 증가하여 압력이 감소하게 되어 2개의 공이 달라붙는다.

10

$W=4,000\,[\mathrm{kg}]$, $\sigma_b=4\,[\mathrm{kg/mm^2}]$, $P_a=0.3\,[\mathrm{kg/mm^2}]$이므로

폭경비: $\dfrac{l}{d}=\sqrt{\dfrac{\sigma_b}{5.1P_a}}=\sqrt{\dfrac{4}{5.1\times0.3}}=1.62$

$\therefore\ l=1.62\,d$가 도출된다.

➡ $P_a=\dfrac{W}{dl}$에서 $dl=\dfrac{W}{P_a}$ 여기에 $l=1.62\,d$를 대입한다.

➡ $1.62d^2=\dfrac{4000}{0.3}=13333 \rightarrow$ 지름 $d=\sqrt{\dfrac{13333}{1.62}}\fallingdotseq90.7\,[\mathrm{mm}]$

➡ 길이 $l=1.62\,dl=1.62\times90.7\fallingdotseq147\,[\mathrm{mm}]$

11

[래칫 휠의 역할]
- 토크 및 힘의 전달
- 축의 역전 방지
- 나눔 작업
- 조속 작용

12

[탄소강의 기본 조직]
페라이트, 펄라이트, 시멘타이트, 오스테나이트

[여러 조직의 경도 순서]
시멘타이트 > 마텐자이트 > 트루스타이트 > 베이나이트 > 소르바이트 > 펄라이트 > 오스테나이트 > 페라이트

[담금질 조직 경도 순서]
마텐자이트 > 트루스타이트 > 소르바이트 > 펄라이트 > 오스테나이트

[냉각 방법에 따라 얻어지는 조직]
- 급냉: 마텐자이트
- 노냉: 펄라이트
- 유냉: 트루스타이트
- 공냉: 소르바이트

13

열간 가공은 재결정 온도 이상에서 가공하는 것으로, 재결정을 시키고 가공하는 것을 말한다. 재결정을 시켰다는 것은 새로운 결정핵이 생성되었다는 것을 말한다.

새로운 결정핵은 크기도 작고 매우 무른 상태이므로 강도가 약하다. 따라서 연성이 우수한 상태이므로 가공도가 커짐으로써 동력이 적게 들고 가공 시간이 빨라지므로 열간 가공은 대량 생산에 적합하다. 그리고 재결정 온도 이상으로 장시간 유지하면 새로운 결정이 성장하므로 결정립이 커진다. 이것을 조대화라고 하며, 성장하면서 배열을 맞추므로 재질의 균일화라고 한다.

또한, 높은 온도에서 가공을 실시하기 때문에 산화가 발생하며, 따라서 제품 표면이 거칠다.

참고

냉간 가공은 가공 경화가 발생하고, 열간 가공은 가공 경화가 발생하지 않는다. 따라서, 소성 가공은 가공 경화가 발생한다는 말은 옳지 못하다. 소성 가공에는 냉간 가공과 열간 가공이 포함되기 때문이다.

14

신속 조형 기술 중에서 초기 재료가 분말 상태인 것은 선택적 레이저 소결법(SLS)과 3D 프린터라고도 불리는 3차원 인쇄법(3DP)이다.

[신속 조형 기술(RP: Rapid Prototyping 쾌속 조형법)]
3차원 형상 모델링으로 그린 제품 설계 데이터를 사용하여 제품 제작 전에 실물 크기 모양의 입체 형상을 신속하고 경제적인 방법으로 제작하는 방법을 말한다.

[신속 조형법의 종류]
- 광조형법(SLA, Stereolithography): 액체 상태의 광경화성 수지에 레이저 빔을 부분적으로 쏘아 적층해 나가는 방법으로, 큰 부품 처리가 가능하다. 또한, 정밀도가 높고 액체 재료이기 때문에 후처리가 필요하다.
- 융해 용착법(FDM, Fused Deposition Molding): 열가소성인 필라멘트 선으로 된 열가소성 일감을 노즐 안에서 가열하여 용해하고, 이를 짜내어 조형 면에 쌓아 올려 제품을 만드는 방법이다.
- 선택적 레이저 소결법(SLS, Selective Laser Sintering): 금속 분말 가루나 고분자 재료를 한 층씩 도포한 후 여기에 레이저빔을 쏘아 소결시키고 다시 한 층씩 쌓아 올려 형상을 만드는 방법이다.
- 3차원 인쇄(3DP, Three Dimentional Printing): 분말 가루와 접착제를 뿌리면서 형상을 만드는 방법으로, 3D 프린터를 생각하면 된다.
- 박판 적층법(LOM, Laminated Object Manufacturing): 가공하고자 하는 단면에 레이저 빔을 부분적으로

쏘아 절단하고 종이의 뒷면에 부착된 접착제를 사용하여 아래층과 압착시키고 한 층씩 적층하는 방법이다.

15

정답 ①

- **담금질(퀜칭)**: 재질을 경화, 마텐자이트 조직을 얻기 위한 열처리
- **뜨임(템퍼링, 소려)**: 담금질한 강은 경도가 크나 취성을 가지므로 경도가 다소 저하되더라도 인성을 증가시키기 위해 A1 변태점 이하에서 재가열하여 냉각시키는 열처리(강인성 부여)
- **풀림(어닐링, 소둔)**: A1 또는 A3 변태점 이상으로 가열하여 냉각시키는 열처리로, 내부 응력을 제거하며 재질의 연화를 목적으로 하는 열처리(노 안에서 냉각＝노냉 처리를 한다.)
- **불림(노멀라이징, 소준)**: A3, Acm보다 30~50 [℃] 높게 가열 후 공냉하여 미세한 소르바이트 조직을 얻는 열처리로, 결정 조직의 표준화와 조직의 미세화 및 내부 응력을 제거한다.

16

정답 ③

볼베어링의 안지름 번호는 앞의 2자리를 제외한 뒤의 숫자로 파악할 수 있다. 04부터는 5를 곱하면 그 수치가 베어링의 안지름이 된다.

- 6: 단열홈 형 베어링
- 0: 특별 경하중
- P6: 등급 기호로 정밀등급 6호
- 26: 베어링 안지름 번호 → 26×5＝130 [mm]

[베어링의 하중 번호]

하중 번호	0, 1	2	3	4
하중 종류	특별 경하중	경하중	중간 하중	고하중

17

정답 ①

- **디젤 사이클**: 압축 착화 기관의 이상 사이클이다. [2개의 단열 과정＋1개의 정압 과정＋1개의 정적 과정]
- **오토 사이클**: 가솔린 기관, 불꽃 점화의 이상 사이클이다. [2개의 정적 과정＋2개의 단열 과정], 정적 하에서 열이 공급되어 연소되기 때문에 정적 연소 사이클이라고 한다.

[디젤 사이클 참고 설명]
- 2개의 단열 과정과 1개의 정압 과정, 1개의 정적 과정으로 구성된다.
- 정압 하에서 열이 공급되며, 정적 하에서 열이 방출된다.
- 열효율은 압축비와 단절비의 함수이며, 압축비가 크고 단절비가 작을수록 효율이 좋다.
- 높은 압력비가 노킹을 야기한다.

18

정답 ②

V벨트는 엇걸기를 할 수 없어 두 축의 회전 방향이 서로 같을 경우에만 사용할 수 있다. 즉, 바로걸기만 가능하다.

[V벨트의 특징]
- 축간 거리가 짧고 속도비가 큰 경우에 적합하며, 접촉각이 작은 경우에 유리하다.
- 소음 및 진동이 적고 미끄럼이 적어 큰 동력 전달이 가능하고, 벨트가 벗겨지지 않는다.
- 바로걸기만 가능하며, 끊어졌을 때 접합과 길이 조정이 불가능하다.
- 고속 운전이 가능하고, 충격 완화 및 효율이 95 [%] 이상으로 우수하다.

19

정답 ②

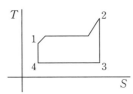

- 1점: 보일러 입구
- 2점: 보일러 출구 및 터빈 입구
- 3점: 응축기 입구 및 터빈 출구
- 4점: 응축기 출구

- 1-2 구간: 보일러(정압 가열)
- 2-3 구간: 터빈(단열 팽창)
- 3-4 구간: 응축기＝복수기(정압 방열)
- 4-1구간: 펌프(단열 압축＝정적 압축)

$$\eta_{이론}=\frac{W_{터빈}-W_{펌프}}{Q_{공급}}=\frac{(h_2-h_3)-(h_1-h_4)}{h_1-h_2} \;(단,\; h_1≒h_4)$$

$$\eta_{이론}=\frac{W_{터빈}}{Q_{공급}}=\frac{보일러\,출구-응축기\,입구}{보일러\,출구-보일러\,입구}=\frac{h_2-h_3}{h_2-h_1}=\frac{900-500}{900-60}=\frac{400}{840}=0.476$$

$$≈48\,[\%]$$

➡ 펌프 일은 터빈 일에 비해 무시할 정도로 작다. 따라서 펌프 일은 무시할 수 있다.
➡ $h_1≒h_4$이므로 Q(공급)를 $900-58$로 계산해도 된다.

20

정답 ④

[굽힘 모멘트]
물체의 어느 한 점에 대해 물체를 굽히려고 하는 작용 휨 모멘트이다. 보의 임의의 단면 양측 힘의 모멘트는 크기가 같고 방향이 반대로 보에 굽힘 작용을 준다.

$$\sigma_b=\frac{M}{Z} \;\blacktriangleright\; M=\sigma_b Z$$

21

정답 ③

서로 맞물려 회전하는 한 쌍의 기어 중에서 한 기어가 다른 기어의 축을 중심으로 공전할 때, 공전하는 기어를 유성 기어라고 하며, 중심에 있는 기어를 태양 기어라고 한다.

[유성 기어의 용도]
호이스트, 공작기계, 프로펠러 등

[유성 기어의 구성]
유성 기어는 2개의 태양 기어와 유성 기어(Planet Gear) 및 캐리어로 구성되며, 2개의 태양 기어는 외기어(External Gear)와 내기어(Internal Gear, Ring Gear) 모두 사용할 수 있다.

22

정답 ④

[공동 현상＝캐비테이션]
펌프의 흡입측 배관 내 물의 정압이 기존의 증기압보다 낮아져서 기포가 발생되는 현상으로, 펌프와 흡수면 사이의 수직 거리가 너무 길 때 관 속을 유동하고 있는 물속의 어느 부분이 고온일수록 포화 증기압에 비례하여 상승할 때 발생한다.
• 소음과 진동 발생, 관 부식, 임펠러 손상, 펌프의 성능 저하 유발
• 양정 곡선과 효율 곡선의 저하, 깃의 침식, 펌프 효율 저하, 심한 충격 발생 유발

[방지]
• 실양정이 크게 변동해도 토출량이 과대하게 증가하지 않도록 주의한다.
• 스톱 밸브를 지양하고 슬루스 밸브를 사용하고, 펌프의 흡입 수두를 작게 한다.
• 유속을 3.5 [m/s] 이하로 유지시키고, 펌프의 설치 위치를 낮춘다.
• 마찰 저항이 작은 흡인관을 사용하여 흡입관 손실을 줄인다.
• 펌프의 임펠러 속도(회전수)를 작게 한다.(흡입 비교 회전도를 낮춘다.)
• 펌프의 설치 위치를 수원보다 낮게 한다.
• 양흡입 펌프를 사용(펌프의 흡입측을 가압한다.)
• 관 내 물의 정압을 그때의 증기압보다 높게 한다.
• 흡입관의 구경을 크게 하며, 배관을 완만하고 짧게 한다.
• 펌프를 2개 이상 설치한다.
• 유압 회로에서 기름의 정도는 800 [ct]를 넘지 않아야 한다.
• 입축 펌프를 사용하고, 회전차를 수중에 완전히 잠기게 한다.

23

정답 ③

$f=kx$에서 f는 동일한데 스프링의 변형량은 스프링을 4등분했으므로 1/4이 된다. 즉, 잘린 각각의 스프링의 스프링 상수는 4배가 되어 $4k$가 된다. 결국 스프링을 n등분하면 스프링 상수는 n배가 된다.
➡ $4k$의 스프링이 3개는 병렬로 연결되어 있으므로 $k_e=4k+4k+4k=12k$

➡ 나머지 하단부 $4k$ 스프링과 등가 스프링 상수 $12k$는 직렬로 연결되어 있으므로

$$\frac{1}{k_1}+\frac{1}{k_2}=\frac{k_1+k_2}{k_1 k_2} \Rightarrow k_e=\frac{k_1 k_2}{k_1+k_2} \Rightarrow k_e=\frac{(12k)(4k)}{(12k)+(4k)}=\frac{48k^2}{16k}=3k$$

$$\Rightarrow w_n=\sqrt{\frac{k_e}{m}}=\sqrt{\frac{3k}{m}}$$

[등가 스프링 상수]

• 직렬: $\dfrac{1}{k_e}+\dfrac{1}{k_1}+\dfrac{1}{k_2}=\dfrac{k_1+k_2}{k_1 k_2} \Rightarrow k_e=\dfrac{k_1 k_2}{k_1+k_2}$

• 병렬: $k_e=k_1+k_2$

24 정답 ④

• 동일한 펌프 n대를 직렬로 연결할 때: 양정은 n배, 유량은 일정
• 동일한 펌프 n대를 병렬로 연결할 때: 유량은 n배, 양정은 일정

➡ 병렬로 연결했다면 유량은 3배, 양정은 일정하게 된다.

25 정답 ②

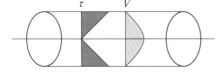

• 원관에서의 전단 응력은 관의 중심에서 0이며, 중심선으로부터 거리에 비례하여 선형적으로 증가한다.
• 원관에서의 속도 분포는 관의 중심에서 최대이며, 관 벽까지 포물선형으로 변한다.

26 정답 ④

• 브로칭: 공작물을 고정시키고 공구의 수평 왕복 운동으로 작업을 하는 공정이다.

[브로칭 가공의 특징]
① 기어나 풀리의 키홈, 스플라인 키홈 등을 가공하는 데 사용한다.
② 1회의 통과로 가공이 완료되므로 작업 시간이 매우 짧아 대량 생산에 적합하다.
③ 가공 홈의 모양이 복잡할수록 가공 속도를 느리게 한다.
④ 절삭량이 많고 길이가 길 때는 절삭 날수의 수를 많게 하고, 절삭 깊이가 너무 작으면 인선의 마모가 증가한다. 또한, 깨끗한 표면 정밀도를 얻을 수 있다. 다만, 공구값이 고가이다.

• 브로칭 작업에서 브로치를 운동 방향에 따라 분류: 인발, 압출, 회전 브로치

📝 암기 ···

(인)천 (앞)바다에서 (회) 먹자!

27

[베르누이 가정]

- 정상류, 비압축성, 유선을 따라 입자가 흘러야 한다, 비점성(유체 입자는 마찰이 없다는 의미)

- $\dfrac{P}{\gamma}+\dfrac{V^2}{2g}+Z=C$　즉, 압력 수두＋속도 수두＋위치 수두＝Constant

- 압력 수두＋속도 수두＋위치 수두＝에너지선　　압력 수두＋위치 수두＝수력 구배선

➡ 에너지선은 수력 구배선보다 항상 속도 수두만큼 위에 있음을 알 수 있다.
➡ 베르누이 방정식은 에너지 보존의 법칙을 적용한 식이다.
➡ 운동량＝질량(m)・속도(V)
➡ 레이놀즈 수는 층류와 난류를 구분하는 무차원 수로, [관성력/점성력]이다.

28

- 뜨임: A1 또는 A3점 이하로 가열하고 냉각하여 내부 응력을 제거하고 강인성을 부여하는 열처리

[뜨임의 종류]

- 저온 뜨임: 담금질에 의해 생긴 재료 내부의 잔류 응력을 제거하고, 주로 경도를 필요로 할 때 약 150 [℃] 부근에서 뜨임하는 것
- 고온 뜨임: 담금질강을 500~600 [℃] 부근에서 뜨임하는 것으로, 강인성을 부여한다.

※ 저온 뜨임의 특성: 연마 균열 방지, 치수의 경년 변화 방지, 담금질에 의한 응력 제거

29

- 내부 에너지의 단위: J
- 엔탈피의 단위: J
- 일의 단위: J
- 엔트로피의 단위: J/kg・K 또는 kJ/kg・K

30

$(R_e)_p=(R_e)_m \Rightarrow \left(\dfrac{Vl}{\nu}\right)_p=\left(\dfrac{Vl}{\nu}\right)_m$

➡ $9\times8=V_m\times1 \rightarrow V_m=72\,[\text{m/s}]$

31

정답 ③

$\Delta S = \dfrac{Q}{T}$ 에서 단열 과정은 Q가 0이므로 $\Delta S = 0$

- **단열 변화**: 매우 빨리 진행되거나 열을 차단하기 때문에 열교환이 없어 등엔트로피 변화이다.
- **정압 변화**: 압력이 일정하게 유지되며, 열과 일의 출입이 있거나 온도 및 부피가 변하는 과정이다.
- **정적 변화**: 부피가 일정하게 유지되며, 열의 출입이 있거나 온도 및 압력이 변하는 과정이다.
- **등온 변화**: 온도 변화가 없는 과정이다. (등온 변화이면 등엔탈피, 내부 에너지 변화가 없다.)

32

정답 ③

- **옥탄가**: 연료의 내폭성, 연료의 노킹 저항성을 의미
- **표준 연료의 옥탄가**: $\dfrac{\text{이소옥탄}}{\text{이소옥탄} + \text{정헵탄}} \times 100$

예 옥탄가 90 → 이소옥탄 90 [%] + 정헵탄 10 [%]
　　즉, 90은 이소옥탄의 체적을 의미한다.

- **세탄가**: 연료의 착화성
- **표준 연료의 세탄가**: $\dfrac{(\text{세탄})}{(\text{세탄}) + (\alpha - \text{메틸나프탈렌})} \times 100$

가솔린 기관에서는 옥탄가가 높아야 하며, 디젤 기관에서는 세탄가가 높아야 한다.
- **세탄가의 범위**: 45~70

33

정답 ④

- **나사산**: 원통 표면에 연속적으로 돌출한 균일 단면의 나선 모양 봉우리를 말한다.
- **피치**: 서로 이웃한 나사산과 나사산 사이의 거리를 말한다.
- **리드각**: 나선의 접선과 나선이 놓인 원통 축에 직각인 평면 사이의 예각으로 즉, 나선의 리드를 나선이 놓인 원통 둘레로 나눈 값과 같다.
- **유효 지름**: 나사의 바깥지름과 나사의 골지름 합의 평균 값이다.
- **리드**: 나사 곡선이 원통을 한 바퀴 돌아 축 방향으로 나아가는 거리로, 리드(l) = 줄수(n) × 피치(p)로 나타낼 수 있다.

34

정답 ③

[탄소 함유량이 많아질수록 나타나는 현상]
- 강도, 경도, 전기 저항, 비열 증가
- 용융점, 비중, 열팽창 계수, 열전도율, 충격값, 연신율, 용융점 감소

35

정답 ①

인벌류트 치형	사이클로이드 치형
중심 거리가 약간 달라도 회전비에는 영향이 없다.	양쪽 기어의 피치점이 완전히 일치하지 않으면 물림이 잘되지 않는다.
사이클로이드 치형보다 간단하고 정확하게 가공할 수 있으며, 곡선이 단조롭기 때문에 공작이 용이하고, 가격이 저렴하며, 호환성이 좋다.	인벌류트 치형보다 공작하는 데 번거롭고 호환성도 좋지 않다.
동일 치형에서는 사이클로이드 치형보다 이뿌리가 튼튼하고 강하다.	하중이 걸리면 이뿌리가 가늘어져 강도가 약하다.
상대쪽 기어를 미는 힘이 크고, 미끄러짐이 크므로 마멸이 잘 된다.	상대쪽 기어를 미는 힘이 약하고, 미끄러짐이 적으므로 회전이 원활하여 잘 마멸되지 않는다.
설계·제작상의 장점이 많아 일반 산업의 동력 전달 기계에 널리 이용된다.	가장 좋은 효율의 전달이 가능하고, 소음이 적고, 베어링 하중이 작다.

36

정답 ④

- 주철관, 강관, 연관: 파이프의 안지름
- 동관, 황동관, 알루미늄관: 파이프의 바깥지름

37

정답 ③

$$M = \sigma_b Z \rightarrow M = \sigma_b \frac{\pi d^3}{32} \rightarrow d = \sqrt[3]{\frac{32M}{\pi \sigma_b}}$$

$$\Rightarrow d = \sqrt[3]{\frac{32M}{\pi \sigma_b}} = \sqrt[3]{\frac{32 \times 30}{3 \times 20}} = \sqrt[3]{16}$$

38

정답 ④

체적 탄성 계수(K): $\dfrac{\Delta P}{-\dfrac{\Delta V}{V}}$ 이므로 $K = \dfrac{\Delta P}{-\dfrac{\Delta V}{V}}$, $\Delta P = K\left(-\dfrac{\Delta V}{V}\right) = 200 \times 0.1 = 20$

39

정답 ④

- 압출: 상온 또는 가열된 금속을 용기 내의 다이를 통해 밀어내어 봉이나 관 등을 만든다.
- 인발: 금속봉이나 관 등을 다이를 통해 축 방향으로 잡아당겨 지름을 줄이는 가공법이다.
- 압연: 열간, 냉간에서 금속을 회전하는 두 개의 롤러 사이를 통과시켜 두께나 지름을 줄인다.
- 전조: 재료와 공구를 각각 또는 함께 회전시켜 재료 내부나 외부에 공구의 형상을 새기는 특수 압연법이다. 대표적인 제품으로는 나사와 기어가 있으며, 절삭칩이 발생하지 않아 표면이 깨끗하고 재료의 소실이 거의 없다. 또한 강인한 조직을 얻을 수 있고, 가공 속도가 빨라서 대량 생산에 적합하다.

40

정답 ②

[스터드 용접의 작업 순서]
모재에 스터드 고정 및 스터드를 둘러싸고 있는 페룰에 의한 통전 ➡ 스터드를 들어올려 아크 발생 ➡ 통전을 단절하고 가압 스프링으로 가압 ➡ 용접 완료

41

정답 ③

$Q=KA\left(\dfrac{dT}{dx}\right)$ (단, x는 벽 두께, K: 열전도 계수, dT: 온도 차)

열전도율이 4배가 되고, 벽의 두께가 2배가 된다.

$Q=KA\left(\dfrac{dT}{dx}\right)=4KA\left(\dfrac{dT}{2dx}\right)$ ➡ $2KA\left(\dfrac{dT}{dx}\right)$이므로 열전달률 Q는 2배가 된다.

42

정답 ①

- 응력 집중: 단면이 급격하게 변하는 부분, 모서리 부분, 구멍 부분에서 응력이 집중되는 현상
- 응력 집중 계수: 노치부의 최대 응력/단면부의 평균 응력

[응력 집중 완화 방법]
- 필렛 반지름을 최대한 크게 하며, 단면 변화 부분에 보강재를 결합하여 응력 집중을 완화한다.
- 축단부에 2~3단의 단부를 설치해 응력 흐름을 완만하게 한다.
- 단면 변화 부분에 숏피닝, 롤러 압연 처리, 열처리 등을 통해 응력 집중 부분을 강화시킨다.
- 테이퍼지게 설계하며, 체결 부위에 체결 수(리벳, 볼트)를 증가시킨다.

43

정답 ④

손실 수두$(H_l)=f\dfrac{l}{d}\cdot\dfrac{V^2}{2g}$ (단, f: 관 마찰 계수, l: 관의 길이, d: 관의 직경, V: 유속, g: 중력 가속도)
➡ 손실 수두는 유속의 제곱에 비례함을 알 수 있다.

44

정답 ①

표면 거칠기 이론값$(H)=\dfrac{S^2}{8R}$ (단, R: 노즈의 반지름, S: 이송)

➡ $\dfrac{S^2}{8R}=\dfrac{0.4^2}{8\times0.5}=0.04$

45

정답 ④

- 인발: 봉재를 축 방향으로 다이 구멍에 통과시켜 직경을 줄이는 공정 방법
- 전조: 다이스 사이에 소재를 끼워 소성 변형시켜 원하는 모양을 만드는 가공 방법으로, 나사나 기어를 만드는 데 사용하는 공정 방법

- 압출: 단면이 균일한 봉이나 관 등을 제조하는 공정 방법
- 스웨이징: 압축 가공의 일종으로 선, 관, 봉재 등을 공구 사이에 넣고 압축 성형하여 두께 및 지름 등을 감소시키는 공정 방법으로, 봉 따위의 재료를 반지름 방향으로 다이를 왕복 운동하여 지름을 줄이는 공정이다.

주의 ----------
인발과 스웨이징을 확실하게 구별해야 한다. 실제로 시험에서 인발을 고른 사람이 매우 많았다.

46   정답 ③

스프링강에는 Si(규소)를 넣어 탄성한계를 증대시킨다. 하지만 Si(규소)를 많이 첨가하면 재료 표면에 탈탄이 발생한다. 이를 방지하기 위해 첨가하는 원소가 Mn(망간)이다. 즉, 탈탄을 방지하기 위해 Mn(망간)을 첨가하며, 스프링강에 반드시 첨가해야 할 원소이다.

47   정답 ②

전자기파, 전파에 의한 열전달 현상인 열복사의 파장 범위: $0.1 \sim 100 \, [\mu\text{m}]$

48   정답 ③

[절삭 공구에 사용하는 피복제]
절삭을 하게 되면 높은 온도의 절삭열이 발생하게 되고, 이 열로 인해 피복제가 녹는다. 그리고 피복제가 녹아 연기가 되고, 이 연기가 대기 중의 산소, 질소로부터 보호하여 산화물, 질화물의 생성을 방지한다.
하지만 텅스텐은 용융점이 $3410 \, [^\circ\text{C}]$로 높기 때문에 절삭열로 쉽게 녹지 않는다. 따라서 대기 중의 산소, 질소로부터 일감을 보호하기가 쉽지 않다.

49   정답 ①

$PV = mRT \Rightarrow \dfrac{P}{RT} = \dfrac{m}{V} = \rho \,(\text{밀도})$

$P_1 = P,\ P_2 = 0.9P \qquad T_1 = x,\ T_2 = T_1 - 30$

$\Rightarrow \dfrac{P_1}{T_1} = \dfrac{P_2}{T_2} \rightarrow \dfrac{P}{x} = \dfrac{0.9P}{x-30} \rightarrow 0.9Px = Px - 30P \rightarrow 0.1Px = 30P,\ x = 300$

➡ 초기 온도 T_1은 300 [K]로 도출되며, 섭씨온도로 변경하면 $300 - 273 = 27 \, [^\circ\text{C}]$가 된다.

50   정답 ②

$\theta = \dfrac{TL}{GI_p}$ (단, θ: 비틀림각, T: 비틀림 모멘트, L: 봉의 길이, G: 전단 탄성 계수, I_p: 극관성 모멘트)

비틀림각은 극관성 모멘트에 반비례함을 알 수 있다.

Memo

2회 실전 모의고사

01 선재 인발의 기준은 지름이 (   )[mm] 이하의 얇은 선재에 적용한다. (   )는 얼마인가?

① 3
② 4
③ 5
④ 6

02 절대 온도와 비체적이 각각 T, v인 이상 기체 1[kg]이 압력 P로 일정하게 유지되는 가운데 가열되어 절대 온도가 $6\,T$까지 상승하였다. 이 과정에서 이상 기체가 한 일은?

① $1\,Pv$
② $3\,Pv$
③ $5\,Pv$
④ $6\,Pv$

03 절삭 작업에서 발생하는 구성 인선에 대한 관한 설명으로 옳지 못한 것은?

① 구성 인선은 칩의 일부가 절삭 공구면에 점진적으로 부착되어 공구날 대신 실제 절삭을 행한다.
② 얇고 안정된 구성 인선은 공구면을 보호하는 역할을 한다.
③ 공작물 재료의 변형 경화 지수가 클수록 구성 인선의 발생 가능성이 커진다.
④ 구성 인선 끝단의 반경은 실제 공구의 끝단 반경보다 작다.

04 NC 프로그램에서 사용하는 코드 중 G는 준비 기능이다. 그렇다면, G04에 포함되지 <u>않는</u> 것은?

① G04 S1
② G04 U1
③ G04 X1
④ G04 P1500

05 유압 펌프의 고장 원인으로 옳지 <u>못한</u> 것은?

① 오일이 토출되지 않는다.
② 소음 및 진동이 크다.
③ 오일의 압력이 과대하다.
④ 유량이 부족하다.

06 경도 시험법의 기호로 <u>잘못</u> 짝지어진 것은?

① 쇼어 경도 − HS
② 로크웰 경도 − HLC
③ 비커즈 경도 − HV
④ 브리넬 경도 − HB

07 물과 글리세린, 공기의 점성 계수를 크기 순으로 바르게 배열한 것은?

① 글리세린>물>공기
② 글리세린>공기>물
③ 물>글리세린>공기
④ 공기>물>글리세린

08 다음 중 제진 합금의 종류가 <u>아닌</u> 것은?

① 쌍정형
② 강자성형
③ 전위형
④ 슬립형

09 기준면보다 10 [m] 높은 곳에서 물의 속도가 2 [m/s]이다. 이곳의 압력이 900 [Pa]이라면 전수두는 몇 [m]인가?

① 18.3
② 15.3
③ 10.3
④ 8.6

10 마이크로미터에서 측정압을 일정하게 유지시켜 주는 부품은?

① 클램프
② 래칫 스톱
③ 하프너트
④ 다이얼 체이싱

11 비파괴 검사에 관한 설명 중 옳지 <u>않은</u> 것은?

① 액체 침투 탐상법은 표면 결함, 겹친 부위 및 기공을 검출하는 방법이다.
② 와전류 탐상법은 전도성 재료를 검출할 수 있으며, 비접촉식이고, 실시간 검출이 가능하다.
③ 초음파 탐상법은 초음파 신호가 부품 재료의 반대면 또는 불연속 구간에 도달하면 반사된 신호의 시간 지연을 측정한다.
④ 자분 탐상법은 자화될 수 있는 재료의 내부의 결함을 찾는 데 사용된다.

12 회전하고 있는 유체의 운동에 대해 관성력이 코리올리 힘의 몇 배인지를 나타내는 무차원 수는?

① 루이스 수
② 그라쇼프 수
③ 로스비 수
④ 누셀 수

13 인력 프레스의 종류로 옳지 <u>못한</u> 것은?

① 크랭크 프레스
② 풋 프레스
③ 편심 프레스
④ 나사 프레스

14 복합 재료에 사용하는 강화제가 <u>아닌</u> 것은?

① 구리 섬유
② 탄소 섬유
③ 유리 섬유
④ 붕소 섬유

15 연성 재료가 상온에서 정하중을 받을 때의 기준 강도는?

① 크리프 한도
② 극한 강도
③ 항복점
④ 피로 한도

16 18-8형 스테인리스강의 입계 부식을 방지하는 원소로 옳지 <u>못한</u> 것은?

① Nb
② Ti
③ Mo
④ V

17 다음 중 옳은 것은 모두 몇 개인가?

ㄱ. 포화 증기는 쉽게 응축되려고 하는 증기이다.
ㄴ. 과열 증기는 잘 응축되지 않는 증기이다.
ㄷ. 압축액은 쉽게 증발하지 않는 액체이다.
ㄹ. 임계 압력 이하의 액체를 가열하면 증발 현상을 거치지 않는다

① 1개
② 2개
③ 3개
④ 4개

18 비중이 0.95인 물체를 비중이 1.023인 바닷물에 띄우면 전체 체적의 몇 [%]가 물속에 잠기는가?

① 88 [%]
② 90 [%]
③ 93 [%]
④ 95 [%]

19 가스 절단에 대한 설명으로 옳지 <u>못한</u> 것은?

① 모재가 산화 연소하는 온도는 그 금속의 용융점보다 높아야 한다.
② 생성된 금속 산화물의 용융 온도는 모재의 용융점보다 높아야 한다.
③ 산화물은 유동성이 좋아야 한다.
④ 산화물은 압력에 잘 밀려나가야 한다.

20 쇳물의 주입 시간, 주입 온도, 주입 속도에 따른 특징으로 옳지 <u>못한</u> 것은?

① 주입 온도가 높으면 라이저에서 쇳물이 보충되기 전에 응고되어 주물의 불량 원인이 된다.
② 주입 시간이 빠르면 기공 발생, 주형면 파손, 주물 이용률이 저하된다.
③ 주입 속도가 느리면 취성이 발생한다.
④ 주입 속도가 빠르면 열응력이 발생한다.

21 선반과 비슷한 구조로 금속의 상대 운동에 의한 열로 용접을 하는 것은?

① 고온 용접   ② 폭발 용접
③ 마찰 용접   ④ 확산 용접

22 아세틸렌 발생 방법이 <u>아닌</u> 것은?

① 주수식   ② 침지식
③ 투입식   ④ 침재법

23 나사의 자립 조건으로 옳은 것은? (단, ρ: 마찰각, λ: 리드각)

① 마찰각이 리드각보다 크거나 같다.
② 마찰각이 리드각보다 작거나 같다.
③ 마찰각이 리드각보다 같다.
④ 마찰각이 리드각보다 작다.

24 주철을 가스 용접할 때 사용하는 용제로 옳은 것은?

① 사용하지 않는다.   ② 중탄산나트륨＋탄산나트륨
③ 붕사＋중탄산나트륨＋탄산나트륨   ④ 염산

25 다음 빈칸에 각각 들어갈 말을 옳게 나열한 것은?

> ㄱ. 나사와 기어의 연삭은 정확한 숫돌 모양이 필요하므로 숫돌의 형상을 수시로 교정해야 하는데, 이 교정 작업을 (   )라고 한다.
> ㄴ. 연삭 숫돌의 결합도가 매우 높으면 자생 작용이 일어나지 않아 숫돌의 입자가 탈락하지 않고 마모에 의해 납작하게 무뎌지는 현상을 (   )라고 한다.

① 드레싱, 로딩   ② 트루잉, 로딩
③ 드레싱, 글레이징   ④ 트루잉, 글레이징

26 Liquid back의 원인으로 가장 거리가 <u>먼</u> 것은?

① 팽창 밸브의 개도가 너무 클 때　　② 냉매가 과충전되었을 때
③ 액 분리기가 불량일 때　　④ 증발기 용량이 너무 클 때

27 열 전달률을 증가시키는 방법이 <u>아닌</u> 것은?

① 엔진 실린더의 표면적을 증가시킨다.　　② 팬의 풍량을 증가시킨다.
③ 냉각수 펌프의 유량을 증가시킨다.　　④ 2중 유리창을 설치한다.

28 회전하는 축을 설계할 때 고려하는 요소 중 위험 속도에 대한 설명으로 옳은 것은?

① 축을 지지하는 베어링의 마모가 시작되는 회전 속도
② 축 이음 부분에 파괴가 시작되는 회전 속도
③ 회전 가능한 축의 최고 회전 속도
④ 축의 회전수가 축의 고유 진동수와 일치하여 공진 현상이 발생하는 축의 회전 속도

29 볼 베어링의 수명 계수가 3일 때, 이 베어링의 수명 시간은?

① 2000시간　　② 4000시간
③ 13500시간　　④ 27000시간

30 스테인리스 강관의 최고 사용 온도는 (　)~(　)[℃]인가?

① 250~450 [℃]　　② 350~550 [℃]
③ 450~650 [℃]　　④ 650~850 [℃]

31 기밀을 더욱 완전하게 하기 위해서 또는 강판의 옆면 형상을 재차 다듬기 위해 강판과 같은 두께의 공구로 옆면을 때리는 작업을 무엇이라고 하는가?

① 코킹　　② 플러링
③ 코깅　　④ 리벳팅

32 V벨트 전동 장치의 특징으로 옳지 <u>않은</u> 것은?

① 축간 거리가 짧고 속도비가 큰 경우, 접촉각이 작은 경우에 유리한 전동이다.
② 소음 및 진동이 적으며 미끄럼이 적어 큰 동력을 얻을 수 있다.
③ 끊어졌을 때 접합이 가능한 장점이 있다.
④ 벨트가 벗겨지지 않는다.

33 미끄럼 베어링의 특징으로 옳지 <u>않은</u> 것은?

① 충격에 강하다.
② 구조가 간단하며, 고속 회전이 가능하다.
③ 공진 영역을 지나 운전될 수 있다.
④ 규격화되어 호환성이 우수하다.

34 다음 중 동하중이 <u>아닌</u> 것은 무엇인가?

① 연행 하중
② 이동 하중
③ 좌굴 하중
④ 교번 하중

35 폴리트로픽 변화에서 $n=0$일 때의 변화는 무엇인가?

① 정적 변화
② 정압 변화
③ 단열 변화
④ 등온 변화

36 위험 속도를 구하는 공식은 다음 중 무엇인가?

① $N_c = \dfrac{\pi}{30}\sqrt{\dfrac{g}{\delta}}$ [rpm]
② $N_c = \dfrac{30}{\pi}\sqrt{\dfrac{g}{\delta}}$ [rpm]

③ $N_c = \dfrac{30}{\pi}\sqrt{\dfrac{\delta}{g}}$ [rpm]
④ $N_c = \dfrac{\pi}{30}\sqrt{\dfrac{\delta}{g}}$ [rpm]

37 열의 일상당량은 얼마인가?

① $\dfrac{1}{427}$ [kgf·m/kcal]
② 427 [kgf·m/kcal]

③ $\dfrac{1}{427}$ [kcal/kgf·m]
④ 427 [kcal/kgf·m]

38 2개의 정적 과정과 2개의 등온 과정으로 이루어진 사이클은 무엇인가?

① 브레이턴 사이클
② 에릭슨 사이클
③ 스털링 사이클
④ 아트킨슨 사이클

39 곡률은 공간 도형이 휜 정도를 나타내는 것으로 곡률 반지름의 역수이다. 그렇다면 곡률과 모멘트의 관계식은 다음 중 무엇인가?

① $\dfrac{1}{\rho}=\dfrac{EI}{M}$　　　　　　　　② $\dfrac{1}{\rho}=\dfrac{M}{EI}$

③ $\rho=M$　　　　　　　　　　　④ $\dfrac{1}{\rho}=M$

40 균일 분포 하중이 길이 L의 단순보에 작용했을 때 최대 처짐량 식은?

① $\delta_{max}=\dfrac{5\omega L^3}{384EI}$　　　　　　② $\delta_{max}=\dfrac{\omega L^4}{384EI}$

③ $\delta_{max}=\dfrac{7\omega L^3}{384EI}$　　　　　　④ $\delta_{max}=\dfrac{5\omega L^4}{384EI}$

41 물체 A와 물체 B가 같은 방향으로 이동한다. 그렇다면 물체 A에서 본 B의 속도는 얼마인가?

(단, 물체 A의 속도는 30 [m/s], 물체 B의 속도는 80 [m/s]이다.)

① -50 [m/s]　　　　　　　② 50 [m/s]

③ 100 [m/s]　　　　　　　④ -100 [m/s]

42 모든 물질이 열역학적 평형 상태에 있을 때 절대 온도가 0에 가까워지면 엔트로피도 0에 가까워진다는 것을 표현한 것과 관련이 있는 것은?

① 네른스트의 열역학 제3법칙　　　② 플랑크의 열역학 제3법칙

③ 클라우지우스의 열역학 제3법칙　④ 나비에의 열역학 제3법칙

43 100 [m]의 높이에서 물이 낙하하고 있다. 이 물의 낙하 전 에너지가 손실 없이 모두 열로 변환되었다면 물의 상승 온도는 절대 온도로 얼마인가?

① 46.8　　　　　　　　　　② 23.44

③ 0.2344　　　　　　　　　④ 0.468

44 오른쪽 그림과 같은 보가 1,500 [N]의 하중을 받을 때 보의 양쪽 지점의 반력 R_a, R_b는?

① $R_a=1,050$ [N], $R_b=450$ [N]

② $R_a=450$ [N], $R_b=1,050$ [N]

③ $R_a=1,150$ [N], $R_b=350$ [N]

④ $R_a=350$ [N], $R_b=1,050$ [N]

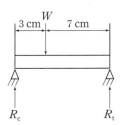

45 다음 중 나사에 대한 설명으로 옳지 <u>않은</u> 것은?

① 한 줄 나사에서 리드와 피치는 같다.
② 다줄 나사는 쪼이거나 풀기 쉽다.
③ 직각에서 리드각을 뺀 나머지 값은 비틀림 각이다.
④ 나사홈의 폭과 나사산의 폭이 같아지는 가상적인 원기둥의 지름을 유효 지름이라고 한다.

46 역류를 방지하며 유체를 한쪽 방향으로 흘러가게 하는 밸브로 적합한 것은?

① 체크 밸브   ② 감압 밸브
③ 시퀀스 밸브   ④ 언로드 밸브

47 다음 중 완전 윤활과 불완전 윤활의 한계점은?

① 유성점   ② 임계점
③ 경계점   ④ 윤활점

48 다음 중 냉동톤의 정의를 옳게 서술한 것은?

① 0도의 물 1 [ton]을 1시간 이내에 0도의 얼음으로 바꾸는 데 제거해야 할 열량 및 그 능력
② 0도의 물 1 [ton]을 24시간 이내에 0도의 얼음으로 바꾸는 데 제거해야 할 열량 및 그 능력
③ 0도의 물 1 [kg]을 1시간 이내에 0도의 얼음으로 바꾸는 데 제거해야 할 열량 및 그 능력
④ 0도의 물 1[kg]을 24시간 이내에 0도의 얼음으로 바꾸는 데 제거해야 할 열량 및 그 능력

49 축이 비틀림과 굽힘을 동시에 받을 때, 등가 비틀림 모멘트 T_e와 등가 굽힘 모멘트 M_e의 계산식으로 옳은 것은?

① $T_e = \sqrt{M+T}$, $M_e = \dfrac{1}{2}(M + \sqrt{M+T})$

② $T_e = \sqrt{M^2+T^2}$, $M_e = \dfrac{1}{4}(M + \sqrt{M^2+T^2})$

③ $T_e = \sqrt{M^2+T^2}$, $M_e = \dfrac{1}{2}(M^2 + \sqrt{M^2+T^2})$

④ $T_e = \sqrt{M^2+T^2}$, $M_e = \dfrac{1}{2}(M + \sqrt{M^2+T^2})$

50 두 축이 평행하지도 교차하지도 않을 때 사용하는 기어에 해당하지 <u>않는</u> 것은?

① 나사(스크류) 기어   ② 하이포이드 기어
③ 베벨 기어   ④ 웜기어

2회 실전 모의고사 정답 및 해설

01	④	02	③	03	④	04	①	05	③	06	②	07	①	08	④	09	③	10	②
11	④	12	③	13	①	14	①	15	③	16	③	17	③	18	③	19	②	20	①
21	③	22	④	23	①	24	③	25	④	26	④	27	④	28	④	29	③	30	④
31	②	32	③	33	④	34	④	35	②	36	④	37	②	38	④	39	②	40	④
41	②	42	②	43	②	44	①	45	모두맞음	46	①	47	②	48	②	49	④	50	③

01

정답 ④

• 선재 인발: 지름이 6 [mm] 이하의 얇은 선재에 적용하는 인발이다.

02

정답 ③

$Pv=mRT$, $P_1=P_2=P$, $T_1=T$, $T_2=6T$, $m=1$ [kg]

$v_1=\dfrac{RT_1}{P}$, $v_2=\dfrac{RT_2}{P}$

➡ $W=\displaystyle\int_1^2 Pdv=P(v_2-v_1)=P\left(\dfrac{6RT}{P}-\dfrac{RT}{P}\right)=5\,RT$

➡ $Pv=mRT$에서 m은 1이므로 $Pv=RT$ 즉, $W=5\,Pv$

03

정답 ④

[구성 인선=빌트업 엣지]

• 날 끝에 칩이 달라붙어 마치 절삭날의 역할을 하는 현상

• 구성 인선이 발생하면 날 끝에 칩이 달라붙어 날 끝이 울퉁불퉁하다. 즉, 표면을 거칠게 하거나 동력 손실을 유발한다.

• 구성 인선 방지법은 절삭 속도 크게, 절삭 깊이 작게, 윗면 경사각 크게, 마찰계수가 작은 공구 사용, 30도 이상 바이트의 전면 경사각을 크게, 120 [m/min] 이상의 절삭 속도 사용 등이 있다. 즉, 고속으로 절삭하면 칩이 날 끝에 용착되기 전에 칩이 떨어져나가고, 절삭 깊이가 작으면 그만큼 날끝과 칩의 접촉 면적이 작아져 칩이 날 끝에 용착될 확률이 적어진다. 그리고 윗면 경사각이 커야 칩이 윗면에 충돌하여 붙기 전에 떨어져 나간다.

• 구성 인선의 끝단 반경은 실제 공구의 끝단 반경보다 크다.(칩이 용착되어 날 끝의 둥근 부분(노즈)가 커지므로)

• 일감의 변형 경화 지수가 클수록 구성 인선의 발생 가능성이 커진다.

• 구성 인선의 경도값은 공작물이나 정상적인 칩보다 상당히 크다.

• 구성 인선은 '발생 → 성장 → 분열 → 탈락'의 과정을 거친다.

• 구성 인선은 공구면을 덮어 공구면을 보호하는 역할도 할 수 있다.

- 구성 인선을 이용한 절삭 방법은 SWC이다. 은백색의 칩을 띠며, 절삭 저항을 줄일 수 있는 방법!
- 구성 인선이 발생하지 않을 임계 속도: 120 [m/min]

04 정답 ①

G04 코드에는 P, U, X가 있다. 단, U, X는 1이 1초이지만 P는 1000이 1초이다.

05 정답 ③

[유압 펌프의 고장 원인]
① 오일이 토출되지 않는다.
② 소음 및 진동이 크다.
③ 유량이 부족하다.

06 정답 ②

[경도시험법의 종류]
- 쇼어 경도 − HS
- 로크웰 경도 − HRC
- 비커즈 경도 − HV
- 브리넬 경도 − HB

07 정답 ①

- 점성 계수의 크기: 글리세린 > 물 > 공기

08 정답 ④

- 제진 합금: 방진 합금으로 진동의 감쇠능이 큰 합금을 말한다.
- 제진 합금의 종류: 쌍정형, 전위형, 복합형, 강자성형

📎 암기 ··

[두] 마리 [전][복]이 [강]하다. 즉, 쌍전복이 강하다.

09 정답 ③

$$H_{전수두} = \frac{P}{\gamma} + \frac{V^2}{2g} + Z = (압력\ 수두 + 속도\ 수두 + 위치\ 수두)$$

$$\Rightarrow \frac{900}{9800} + \frac{4}{2 \times 9.8} + 10 \approx 10.3\,[\text{m}]$$

10
정답 ②

- **클램프**: 일감을 꽉 고정시켜 주는 부품
- **래칫 스톱**: 마이크로미터에서 측정압을 일정하게 유지시켜 주는 부품으로, 일정 이상의 압력이 가해지면 공회전하므로 측정 시 일정 압력이 가해지도록 해 준다.
- **하프 너트**: 리드 스크류에 자동 이송을 연결시켜 나사깎기 작업을 할 수 있게 한다.(스플릿 너트)
- **다이얼 체이싱**: 나사 절삭 시 2번째 이후의 절삭 시기를 알려주는 부품

11
정답 ④

자분 탐상법은 재료의 내부의 결함을 찾을 수 없다. 오직 표면 결함만을 검출할 수 있다.

[내부 결함 찾을 수 있는 비파괴 검사 종류]
UT(초음파 탐상), RT(방사선 탐상), ET(와류 탐상)

12
정답 ③

- **로스비 수**: 회전하고 있는 유체의 운동에 대해 관성력이 코리올리 힘의 몇 배인지를 나타내는 무차원 수
- **그라쇼프 수**: 온도 차에 의한 부력이 속도 및 온도 분포에 미치는 영향을 나타내거나 자연 대류에 의한 전열 현상에 있어서 매우 중요한 무차원 수(부력/점성력)
- **루이스 수**: 열확산 계수/질량 확산 계수
- **누셀 수**: 대류 계수/전도 계수

13
정답 ①

- **동력 프레스**: 크랭크 프레스, 너클 프레스, 액압 프레스, 마찰 프레스, 토글 프레스
- **인력 프레스**: 나사 프레스, 편심 프레스, 발(풋) 프레스

📎 암기 ···
[인력 프레스 암기법]: [나] [편][발]이야!

14
정답 ①

복합 재료에 사용하는 강화제 종류: 유리 섬유, 탄소 섬유, 붕소 섬유

📎 암기 ···
[유][탄] 발사!! [붕]~~

15

정답 ③

- 극한 강도: 취성 재료가 상온에서 정하중을 받을 때의 기준 강도
- 항복점: 연성 재료가 상온에서 정하중을 받을 때의 기준 강도
- 크리프 한도: 연성 재료가 고온에서 정하중을 받을 때의 기준 강도

> **주의**
> - 크리프: 연성 재료가 고온에서 정하중을 받을 때 시간이 지남에 따라 변형이 증대되는 현상
> - 피로: 장시간 재료가 반복 하중을 받으면 파괴되는 현상

16

정답 ③

18-8형 스테인리스강의 입계 부식 원인은 오스테나이트 중의 탄소가 입계 부근 근처로 이동하여 크롬 탄화물로 석출되기 때문이다. 이로 인해 입계 부근의 크롬 함량이 감소하여 내식성 저하로 부식이 진행된다. 이를 방지하기 위해 니오븀, 티탄을 넣어 탄화물을 석출시켜 크롬 탄화물이 발생하는 것을 억제한다.

[입계 부식 방지 원소]: Nb(니오븀), Ti(티탄), V(바나듐)

> **📎 암기**
> Nb 클럽에서 이쁜 T셔츠를 입은 여자를 봤고 기분이 좋아 난 V(브이)를 했다.

17

정답 ③

- 포화 증기는 쉽게 응축되려고 하는 증기이다.
- 과열 증기는 잘 응축되지 않는 증기이다.
- 압축액은 쉽게 증발하지 않는 액체이고, 포화액은 쉽게 증발하려고 하는 액체이다.
- 임계 압력 이상의 액체를 가열하면 증발 과정을 거치지 않고 바로 과열 증기가 된다.

18

정답 ③

[물체가 떠 있는 경우]
부력＝공기 중에서 물체의 무게 ➡ ($\gamma_{액체}V_{잠긴 부피}＝\gamma_{물체}V_{물체}$)

[물체가 액체에 완전히 잠긴 경우]
공기 중 물체의 무게＝부력＋액체 중에서의 물체의 무게

➡ 체적(부피)＝$\dfrac{물체의 비중}{물의 비중}$＝$\dfrac{0.95}{1.023}$＝0.928

➡ 대략 물체의 전체 체적의 93 [%]가 물속에 잠겨 있음을 알 수 있다.

19

정답 ②

가스 절단은 절단하고자 하는 부분에 산소를 뿌려 산화물을 만들고 절단한다.
만약 생성된 금속 산화물의 용융 온도가 모재의 용융점보다 높다면 모재 자체가 모두 녹아버리므로 생성된 금속 산화물의 용융 온도는 모재의 용융점보다 낮아야 한다.

20

정답 ①

주입 온도가 낮으면 라이저에서 쇳물이 보충되기 전에 금방 응고가 진행되어 주물의 불량 원인이 될 수 있다.

21

정답 ③

• **마찰 용접**: 선반과 비슷한 구조로 금속의 상대 운동에 의한 열로 용접을 한다.
※ 마찰 용접은 열 영향부를 가장 좁게 할 수 있는 용접이다.

22

정답 ④

침재법은 목재의 건조 방법 중 하나이다. [재]가 들어가면 모두 건조법이다.

• **아세틸렌 발생 방법**: 주수식, 침지식, 투입식

> 참고
> • 아세틸렌은 무색/무취의 기체이며, 불안정하여 폭발의 위험성이 있다. 또한, 물에 카바이드를 사용하여 발생시키며, 공기보다 가볍다.
> • 순수한 카바이드 1 [kg]으로 발생되는 아세틸렌은 348 [L]임을 꼭 암기!

23

정답 ①

[나사의 자립 조건]
나사를 쥔 외력을 제거해도 나사가 저절로 풀리지 않기 위한 자립 조건은 다음과 같다.
➡ $\rho \geq \lambda$ (단, ρ: 마찰각, λ: 리드각)

24

정답 ③

• **연강**: 사용하지 않는다. (연강은 탄소 함유량이 0.1 [%] 이하로 극히 적기 때문에 대기의 산소와 반응해도 큰 타격이 없기 때문에 연강은 용제를 굳이 사용하지 않아도 된다.)
• **경강**: 중탄산나트륨＋탄산나트륨
• **주철**: 붕사＋중탄산나트륨＋탄산나트륨

25

정답 ④

- **트루잉**: 나사와 기어의 연삭은 정확한 숫돌 모양이 필요하므로 숫돌의 형상을 수시로 교정해야 하는데, 이 교정 작업을 트루잉이라고 한다.
- **글레이징**: 연삭 숫돌의 결합도가 매우 높으면 자생 작용이 일어나지 않아 숫돌의 입자가 탈락하지 않고 마모에 의해 납작하게 무뎌지는 현상을 글레이징이라고 한다.
- **로딩**: 결합도가 높은 숫돌에 구리와 같이 연한 금속을 연삭하면 숫돌 입자 사이에 또는 기공에 칩이 끼어 연삭이 불량해지는 현상을 로딩이라고 한다.
- **입자 탈락(shedding)**: 숫돌 입자가 작은 절삭력에 의해 쉽게 탈락하는 현상을 말한다.
- **드레싱**: 로딩, 글레이징 등이 발생하면 연삭이 불량해지므로 드레서라는 공구를 사용하여 연삭 숫돌의 표면을 벗겨 자생 작용을 시킴으로써 새로운 예리한 입자를 표면에 돌출시키는 작업을 말한다.

26

정답 ④

증발기 용량이 크면 클수록 그만큼 증발기에서 증발되는 냉매의 양이 많다는 것을 의미한다.
즉, 압축기로 넘어가는 냉매액이 적다는 의미로 액백 현상이 발생할 확률이 적어진다.

[액백(리퀴드 백) 현상]
냉동 사이클의 증발기에서는 냉매액이 피냉각 물체로부터 열을 빼앗아 자신은 모두 증발되고 피냉각 물체를 냉각시킨다. 하지만, 실제에서는 모든 냉매액이 100 [%]로 증발되지 않고, 약간의 액이 남아 압축기로 들어가게 된다.
액체는 표면 장력 등의 이유로 원래 형상을 유지하려고 하기 때문에 압축이 잘 되지 않아 압축기의 피스톤이 압축하려고 할 때 피스톤을 튕겨내게 한다. 따라서 압축기의 벽이 손상되거나 냉동기의 냉동 효과가 저하되는데, 이 현상이 바로 액백 현상이다.

- **액백 현상 원인**: 팽창 밸브의 개도가 너무 클 때, 냉매가 과충전될 때, 액 분리가 불량일 때
- **액백 현상 방지법**: 냉매액을 과충전하지 않는다, 액 분리기 설치, 증발기의 냉동 부하를 급격하게 변화시키지 않는다, 압축기에 가까이 있는 흡입관의 액 고임을 제거한다.

27

정답 ④

2중 유리창을 설치하면 열 전달을 차단하게 된다.

28

정답 ④

- **위험 속도**: 축의 고유 진동수와 축의 회전수가 일치하여 공진이 발생하는 축의 회전 속도

29

베어링 종류	볼 베어링	롤러 베어링
수명 시간	$L_h = 500 f_h^{\,3}$	$L_h = 500 f_h^{\frac{10}{3}}$
수명 계수	$f_h = f_n \dfrac{C}{P}$	$f_h = f_n \dfrac{C}{P}$
속도 계수	$f_n = \left(\dfrac{33.3}{N} \right)^{\frac{1}{3}}$	$f_n = \left(\dfrac{33.3}{N} \right)^{\frac{3}{10}}$

➡ $L_h = 500 f_h^{\,3} \rightarrow 500(3)^3 \rightarrow 500 \times 27 \rightarrow 13500$시간   (단, P: 베어링 하중, C: 기본 동적 부하 용량)

30

• 스테인리스 강관: 내식성, 내열성, 고온 및 저온용 배관에 사용한다.
• 스테인리스 강관의 최고 사용 온도: 650~850 [℃]
• 스테인리스 강관의 호칭 치수: 바깥지름

31

코킹은 일반적으로 5 [mm] 이상의 판에 적용하여 기밀을 유지한다. 5 [mm] 이하의 너무 얇은 판이라면 판이 뭉개지는 불상사가 일어날 수 있다. 즉, 코킹은 기밀을 필요로 할 때 리벳 공정이 끝난 후 리벳머리 주위 및 강판의 가장자리를 해머로 때려 완전히 Seal을 하는 작업을 말한다.

[5 [mm] 이하 판 기밀 유지 방법]
판 사이에 패킹, 개스킷, 기름 먹인 종이 등을 끼워 기밀을 유지할 수 있다.
• 코킹으로 헷갈릴 수 있지만 "기밀 더욱 완전", "강판과 같은 두께의 공구"라는 내용에서 플러링이라는 것을 알 수 있다. 반드시 코킹과 플러링을 구별해야 한다.
• 플러링은 코킹 후 기밀을 더욱 완전히 하는 목적으로 강판과 같은 두께의 플러링 공구로 옆면을 치는 작업을 말한다.
 ➡ 따라서 코킹 및 플러링의 목적은 기밀의 유지이다.

32

[V벨트의 특징]
• 축간 거리가 짧고 속도비가 큰 경우에 적합하며, 접촉각이 작은 경우에 유리하다.
• 소음 및 진동이 적고 미끄럼이 적어 큰 동력 전달이 가능하고 벨트가 벗겨지지 않는다.
• 바로걸기만 가능하며, 끊어졌을 때 접합이 불가능하고, 길이 조정이 불가능하다.
• 고속 운전이 가능하고, 충격 완화 및 효율이 95 [%] 이상으로 우수하다.

33

미끄럼 베어링은 자체 제작을 한다. 규격화되어 호환성이 우수한 것은 구름 베어링이다.

34

정답 ③

[하중의 종류]

• 정하중＝사하중: 크기와 방향이 일정한 하중

• 동하중＝활하중

　① 연행 하중: 일련의 하중(등분포 하중), 기차 레일이 받는 하중

　② 반복 하중(편진 하중): 반복적으로 작용하는 하중

　③ 교번 하중(양진 하중): 하중의 크기와 방향이 계속 바뀌는 하중으로 가장 위험한 하중

　④ 이동 하중: 하중의 작용점이 자꾸 바뀌는 하중으로 움직이는 자동차가 그 예

　⑤ 충격 하중: 비교적 짧은 시간에 갑자기 작용하는 하중

　⑥ 변동 하중: 주기와 진폭이 바뀌는 하중

35

정답 ②

$n=\infty$	$n=1$	$n=0$	$n=k$
정적 변화(isochoric)	등온 변화(isothermal)	정압 변화(isobaric)	단열 변화(adiabatic)

36

정답 ②

위험 속도: $N_C = \dfrac{30}{\pi} \sqrt{\dfrac{g}{\delta}}$ [rpm]　(단, δ: 하중의 처짐량, g: 중력 가속도)

37

정답 ②

• 일의 열상당량(일을 열로 환산하는 환산값) A: $\dfrac{1}{427}$ [kcal/kgf·m]

• 열의 일상당량(열을 일로 환산하는 환산값) $\dfrac{1}{A}$: 427 [kgf·m/kcal]

38

정답 ③

• 브레이턴 사이클: 2개의 정압 과정＋2개의 단열 과정으로 구성되어 있으며, 가스 터빈의 이상 사이클이다. 또한, 가스 터빈의 3대 요소는 압축기, 연소기, 터빈이다.

• 에릭슨 사이클: 2개의 정압 과정＋2개의 등온 과정으로 사이클의 순서는 '등온 압축 → 정압 가열 → 등온 팽창 → 정압 방열'이다.

• 스털링 사이클: 2개의 정적 과정＋2개의 등온 과정으로 사이클의 순서는 '등온 압축 → 정적 가열 → 팽창 → 정적 방열'이다. 또한, 증기 원동소의 이상 사이클인 랭킨 사이클에서 이상적인 재생기가 있다면 스털링 사이클에 가까워진다. 참고로 역스털링 사이클은 헬륨을 냉매로 하는 극저온 가스 냉동기의 기본 사이클이다.

• 아트킨슨 사이클: 2개의 단열 과정＋1개의 정압 과정＋1개의 정적 과정으로 사이클의 순서는 '단열 압축 → 정적 가열 → 단열 팽창 → 정압 방열'이다. 디젤 사이클과 구성 과정은 같으나 아트킨슨 사이클은 가

스 동력 사이클임을 알고 있어야 한다.

39

정답 ②

$\dfrac{1}{\rho} = \dfrac{M}{EI}$　(단, ρ＝곡률 반지름, $\dfrac{1}{\rho}$＝곡률)

40

정답 ④

- 길이 L의 단순보에 등분포 하중이 작용했을 때의 최대 처짐: $\delta_{max} = \dfrac{5wL^4}{384EI}$

- 길이 L의 단순보의 중앙에 집중 하중이 작용했을 때의 최대 처짐: $\delta_{max} = \dfrac{PL^3}{48EI}$

- 길이 L의 양단고정보에 등분포 하중이 작용했을 때의 최대 처짐: $\delta_{max} = \dfrac{wL^4}{384EI}$

- 길이 L의 양단고정보의 중앙에 집중 하중이 작용했을 때의 최대 처짐: $\delta_{max} = \dfrac{PL^3}{192EI}$

41

정답 ②

- 상대 속도: 관찰차가 관찰하는 대상의 속도를 의미한다.

물체가 A와 물체 B가 운동하고 있을 때 A에서 본 B의 속도를 A에 대한 B의 상대 속도라고 한다.
즉, A에 대한 B의 상대 속도는 B의 속도－A의 속도＝$V_{ab} = V_b - V_a$가 된다.

42

정답 ②

[열역학 제3법칙의 표현 2가지]

- 네른스트: 어떤 방법에 의해서도 물질의 온도를 절대 0도까지 내려가게 할 수 없다.
- 플랑크: 모든 물질이 열역학적 평형 상태에 있을 때 절대 온도가 0에 가까워지면 엔트로피도 0에 가까워진다.

43

정답 ③

물이 낙하하기 전 가지고 있던 위치 에너지가 모두 열로 변환되기 때문에 다음과 같은 식이 성립된다.

➡ $mgh = cm\varDelta T \rightarrow gh = c\varDelta T \rightarrow 9.8 \times 100 = 4180 \times \varDelta T \rightarrow \varDelta T = 0.2344$

　　　　　　　　　　　　　　　　(단, 물의 비열＝1 [kcal/kg・K]＝4180 [J/kg・K])

44

정답 ①

$\sum M_B = 0 \rightarrow -R_a \times 10 + 7W = 0 \rightarrow R_a = \dfrac{7W}{10} = \dfrac{7 \times 1500}{10} = 1,050$

$\sum M_A = 0 \rightarrow R_b \times 10 - 3W = 0 \rightarrow R_b = \dfrac{3W}{10} = \dfrac{3 \times 1500}{10} = 450$

45

정답 모두 맞음

- 한줄 나사는 리드(l)＝줄수(n)×피치(p)에서 $n=1$이므로 리드와 피치가 같다.
- 다줄 나사는 나사를 1회전했을 때 축 방향으로 나아가는 거리, 즉 리드가 크므로 쪼이거나 풀기 쉽다.
- 직각에서 리드각을 뺀 나머지 값은 비틀림 각이다.
- 유효 지름은 나사홈의 높이와 나사산의 높이가 같아지도록 한 가상적인 원통 또는 원뿔의 지름이다.
- 나사홈의 폭과 나사산의 폭이 같아지는 가상적인 원기둥의 지름을 유효 지름이라고 한다.
- 유효 지름(d_e)＝$\dfrac{d_1+d_2}{2}$ (바깥지름과 골지름의 합을 2로 나눈 값)

46

정답 ①

- 체크 밸브: 역류를 방지해 주는 밸브로, 역지 밸브라고도 한다.

[체크 밸브의 종류]
- 수평 배관용 체크 밸브: 리프트식 체크 밸브
- 수직 배관용 체크 밸브: 스윙식 체크 밸브
- 수격 현상을 방지하기 위해 사용하는 체크 밸브: 스모렌스키 체크 밸브

47

정답 ②

- 임계점의 정의: 마찰 계수가 최소가 되는 점으로 완전 윤활과 불완전 윤활의 한계점

48

정답 ②

- 냉동 능력: 단위 시간에 증발기에서 흡수하는 열량을 냉동 능력(kcal/hr)
- 냉동 효과: 증발기에서 냉매 1 [kg]이 흡수하는 열량
- 1냉동톤(냉동 능력의 단위): 0도의 물 1 [ton]을 24시간 이내에 0도의 얼음으로 바꾸는 데 제거해야 할 열량 및 그 능력
- 1냉동톤(RT): 3320 [kcal/hr]＝3.86 [kW]   (1 [kW]＝860 [kcal/h], 1 [kca]l＝4180 [J])

49

정답 ④

[축이 비틀림과 굽힘을 동시에 받을 때, 등가 비틀림 모멘트 T_e와 등가 굽힘 모멘트 M_e]

$$T_e=\sqrt{M^2+T^2}$$
$$M_e=\frac{1}{2}(M+\sqrt{M^2+T^2})$$

50

정답 ③

	두 축 평행	두 축 교차	두 축 엇갈
종류	스퍼, 랙, 헬리컬, 내접, 헤링본	베벨, 마이터, 크라운, 제롤베벨	웜기어, 페이스, 나사, 하이포이드

3회 실전 모의고사

1문제당 2점 / 점수 [   ]점

⋯▸ 정답 및 해설: p.58

01 다음 중 벨트 풀리 림(rim)의 중앙부를 약간 높게 만드는 이유로 옳은 것은?

① 풀리의 강도 증대와 마모를 방지하기 위해 ② 제작이 편리하기 때문
③ 벨트가 벗겨지는 것을 방지하기 위해 ④ 벨트 착탈 시 용이하게 하기 위해

02 SI 단위와 기호로 잘못 짝지어진 것은?

① 주파수 – 헤르츠(Hz) ② 에너지 – 줄(J)
③ 전기량, 전하 – 와트(W) ④ 전기 저항 – 옴(Ω)

03 800 [rpm]으로 전동축을 지지하고 있는 미끄럼 베어링에서 저널의 지름이 12 [cm], 저널의 길이가 20 [cm]이고 8.4 [kN]의 레이디얼 하중이 작용할 때 베어링의 압력은 약 몇 [MPa]인가?

① 0.25 ② 0.5
③ 0.35 ④ 0.7

04 오른쪽 그림과 같은 단식 블록 브레이크에서 막대의 조작력 F를 구하는 식은? (단, μ는 마찰 계수이다.)

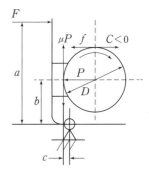

① $F = \dfrac{f}{\mu a}(b + \mu c)$

② $F = \dfrac{fb}{\mu a}$

③ $F = \dfrac{f}{\mu b}(a + \mu c)$

④ $F = \dfrac{f}{\mu a}(b - \mu c)$

05 1보일러 마력에 대한 설명으로 옳은 것은?

① 100도의 물 15.65 [kg]을 24시간 이내에 100도의 증기로 만드는 데 필요한 열량
② 100도의 물 15.65 [kg]을 1시간 이내에 100도의 증기로 만드는 데 필요한 열량
③ 100도의 물 1 [kg]을 24시간 이내에 100도의 증기로 만드는 데 필요한 열량
④ 100도의 물 1 [kg]을 1시간 이내에 100도의 증기로 만드는 데 필요한 열량

06 실린더 블록에 구멍을 뚫고 탭으로 나사를 깎은 후 머리 볼트로 실린더 헤드를 채결하는 것으로, 주로 볼트 구멍을 통하게 뚫을 수 없을 때 사용하는 것은?

① 탭 볼트   ② 고리 볼트
③ 나비 볼트   ④ 충격 볼트

07 다음 중 고정 커플링의 종류로 옳지 **못한** 것은 무엇인가?

① 머프 커플링   ② 반중첩 커플링
③ 분할 원통 커플링   ④ 플렉시블 커플링

08 다음 중 센터리스 연삭기의 장단점에 대한 설명으로 옳지 **않은** 것은?

① 센터 구멍을 가공할 필요가 없고, 속이 빈 가공물을 연삭할 때 편리하다.
② 긴 홈이 있는 가공물이나 대형 또는 중량물의 연삭이 가능하다.
③ 연삭 숫돌의 폭보다 넓은 가공물을 플랜지 컷 방식으로 연삭할 수 없다.
④ 연삭 숫돌의 폭이 크므로 연삭 숫돌 지름의 마멸이 적고, 수명이 길다.

09 냉간 가공과 열간 가공을 비교한 설명 중 옳지 **않은** 것은?

① 냉간 가공은 재결정 온도 이하에서 가공하지만, 열간 가공은 재결정 온도 이상에서 가공한다.
② 냉간 가공은 변형 응력이 높지만, 열간 가공은 변형 응력이 낮다.
③ 냉간 가공은 표면 상태가 양호하지만, 열간 가공은 표면 상태가 불량하다.
④ 냉간 가공은 치수 정밀도가 불량하지만, 열간 가공은 치수 정밀도가 양호하다.

10 방전 가공에 대한 설명으로 옳지 **않은** 것은?

① 절연액 속에서 음극과 양극 사이의 거리를 접근시킬 때 발생하는 스파크 방전을 이용하여 공작물을 가공하는 방법이다.
② 전극 재료로는 구리 또는 흑연을 주로 사용한다.
③ 콘덴서의 용량이 적으면 가공 시간은 빠르지만 가공면과 치수 정밀도가 좋지 못하다.
④ 재료의 경도나 인성에 관계없이 전기 도체이면 모두 가공할 수 있다.

11 연삭 숫돌을 교환할 때, 숫돌을 끼우기 전 숫돌의 파손이나 균열 여부를 판단하기 위한 검사 방법이 **아닌** 것은?

① 음향 검사   ② 회전 검사
③ 진동 검사   ④ 균형 검사

12 여러 금속의 특징에 대해 옳지 <u>못한</u> 것은?

① 마그네슘은 알칼리에 강하다.　　② 청동은 산에 약하다.
③ 니켈은 알칼리에 강하다.　　④ 알루미늄은 염기성에 강하다.

13 그림과 같은 스프링 장치에서 스프링 상수 $k_1 = 6\,[\text{kgf/cm}]$, $k_2 = 10\,[\text{kgf/cm}]$, 하중 $P = 80\,[\text{kgf}]$일 때 스프링 장치의 하중 방향의 처짐은?

① 2.133 [cm]
② 21.33 [cm]
③ 213.3 [cm]
④ 2133 [cm]

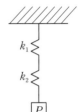

14 카르노 사이클이 400 [K]의 고온 열원과 200 [K]의 저온 열원 사이에서 작동한다. 이 사이클에 공급하는 열량이 사이클당 500 [kJ]이라고 할 때, 한 사이클당 외부에 하는 일은 약 몇 [kJ]인가?

① 200 [kJ]　　　　　　　　② 250 [kJ]
③ 300 [kJ]　　　　　　　　④ 350 [kJ]

15 350 [kg]의 전단 하중을 지름 20 [mm]인 리벳 1개로 지지하고 있을 때, 안전율은?

(단, 리벳은 전단 강도는 2.0 [kg/mm²]이다.)

① 0.8　　　　　　　　② 1.8
③ 2.8　　　　　　　　④ 3.8

16 축의 직각 방향과 축 방향으로 동시에 하중을 받을 때 사용하는 베어링은?

① 레이디얼 베어링　　　② 스러스트 베어링
③ 원뿔 베어링　　　　　④ 미끄럼 베어링

17 황동에서 고온 탈아연에 대한 설명이 <u>아닌</u> 것은?

① 고온에서 황동 표면의 아연이 증발하는 현상이다.
② 표면 온도가 높을수록 발생이 심하다.
③ 표면이 거칠고 더러울수록 발생이 심하다.
④ 황동 표면에 산화물 피막을 발생시켜 방지할 수 있다.

18 확동 입체 캠에 속하지 <u>않는</u> 것은?

① 원뿔 캠　　　　　　② 구형 캠
③ 원통 캠　　　　　　④ 단면 캠

19 세라믹에 대한 설명으로 옳지 <u>못한</u> 것은?

① 도기라는 뜻으로, 점토를 소결하여 만들어진다.
② 충격에 약하며, 세라믹은 금속 산화물, 탄화물, 질화물 등 순수 화합물로 구성된다.
③ 1200 [℃]까지 경도의 변화가 없고, 열전도율이 높아 내화제로 사용된다.
④ 냉각제 사용 시 파손된다.

20 소선 재료의 지름을 d [mm], 스프링 지수를 C라고 하면, 원통형 코일 스프링의 평균 지름 D [mm]를 구하는 식으로 옳은 것은?

① $D = C + d$
② $D = d - C$
③ $D = C \cdot d$
④ $D = C/d$

21 연삭 가공에 대한 설명 중 옳지 <u>않은</u> 것은?

① 숫돌의 3대 구성 요소는 연삭 입자, 결합제, 기공이다.
② 마모된 숫돌면의 입자를 제거함으로써 연삭 능력을 회복시키는 작업을 드레싱(Dressing)이라고 한다.
③ 숫돌의 형상을 원래의 형상으로 복원시키는 작업을 트루잉이라고 한다.
④ 연삭비는 $\dfrac{\text{숫돌의 마모 체적}}{\text{연삭에 의해 제거된 소재의 체적}}$ 으로 정의된다.

22 어떤 강재의 세로 탄성 계수가 100 [GPa]이다. 이때, 이 강재의 전단 탄성 계수 G는?

(단, 포아송비는 0.4이다.)

① 3.571 [GPa]
② 35.71 [GPa]
③ 357.1 [GPa]
④ 3571 [GPa]

23 테르밋 용접에 대한 설명으로 옳지 <u>못한</u> 것은?

① 알루미늄과 산화철을 혼합하여 발생하는 발생열로 용접을 실시한다.
② 전력이 필요없고, 반응으로 인한 발생열은 3000 [℃]이다.
③ 용접 변형이 적고, 용접 접합 강도가 우수하다.
④ 용접 시간이 짧으며, 설비비가 싸다.

24 용접법 중 융접법에 속하지 <u>않는</u> 것은?

① 스터드 용접
② 초음파 용접
③ 산소-아세틸렌 용접
④ 일렉트로슬래그 용접

25 다음 중 절삭 가공과 연삭 가공의 비교로 옳지 <u>않은</u> 것은?

① 절삭 가공은 접선 저항이 크지만, 연삭 가공은 법선 저항이 크다.
② 절삭 가공은 칩이 나오기 쉬운 (+)의 레이크 각을 가진 성형날 형태이지만, 연삭 가공은 칩이 잘 나오지 않는 (−)의 레이크 각을 가진 불규칙한 날끝 형태이다.
③ 절삭 가공은 칩 1 [g]당 약 1000 [cal]의 열량이 발생되지만, 연삭 가공은 칩 1 [g]당 약 100 [cal] 이상의 열량이 발생된다.
④ 절삭 가공은 발생한 열의 약 80 [%]가 칩에 흡수되지만, 연삭 가공은 발생한 열의 약 84 [%]가 공작물에 흡수된다.

26 다음과 같은 특징을 갖는 압축 가공법은?

> • 원통 내면의 표면 다듬질에 가압법을 응용한 것
> • 구멍을 뚫은 후 또는 브로치 가공한 후의 다듬질법으로 사용
> • 구멍의 모양이 직사각형이거나 기어의 키 구멍 등의 다듬질에 적합
> • 재료로는 특수 공구강·고속도강·경질 합금 등 이용

① Coining   ② Embossing
③ Burnishing   ④ Swaging

27 밀링 작업에 대한 설명으로 옳지 <u>않은</u> 것은?

① 하향 절삭은 CNC 공작기계에서 공구 수명을 최대로 사용하고자 할 때 사용된다.
② 상향 절삭은 공작물 표면에 부착된 산화물 또는 불순물 층이 공구 수명에 영향을 주지 않는다.
③ 하향 절삭에서는 절삭력의 하향 성분이 공작물을 고정시키는 방향으로 작용한다.
④ 상향 절삭은 칩의 가장 두꺼운 위치에서 절삭이 시작하고, 하향 절삭은 칩의 가장 두꺼운 위치에서 절삭이 끝난다.

28 다음 중 표면 경화법에 대한 설명으로 옳지 <u>않은</u> 것은?

① 고주파 경화법: 고주파 유도 전류로 강(Steel)의 표면층을 급속 가열한 후 급랭시키는 방법으로, 가열 시간이 짧고, 피가열물에 대한 영향을 최소로 억제하며 표면을 경화시키는 표면 경화법
② 숏 피닝: 강이나 주철제의 작은 강구(볼)를 금속 표면에 고속으로 분사하여 표면층을 냉간 가공에 의한 가공 경화 효과로 경화시키면서 압축 잔류 응력을 부여하여 금속 부품의 피로 수명을 향상시키는 표면 경화법
③ 샌드 블라스트: 분사 가공의 일종으로 직경이 작은 구를 압축 공기로 분사시키거나 중력으로 낙하시켜 소재의 표면을 연마 작업이나 녹 제거 등의 가공을 하는 표면 경화법
④ 침탄법: 암모니아(NH_3) 가스 분위기(영역) 안에 재료를 넣고 500 [℃]에서 50~100시간을 가열하면 재료 표면에 Al, Cr, Mo 원소와 함께 질소가 확산되면서 강재료의 표면이 단단해지는 표면 경화법

29 고온 챔버 다이캐스팅에 관한 설명으로 옳지 <u>않은</u> 것은?

① 매 주조마다 챔버를 다시 채울 필요가 없어 사이클 시간이 상대적으로 짧다.
② 용해로의 뚜껑이 거의 열려지지 않은 채 작업을 하여 마그네슘의 산화 방지에 효율적이다.
③ 알루미늄 합금이나 구리 합금 등의 주조에 이용된다.
④ 넓은 사출 영역에서 제품을 만들 때 이용할 수 있다.

30 키가 자동적으로 축과 보스 사이에 자리를 잡을 수 있는 장점이 있어 자동차, 공작기계 등에 널리 사용되며, 특히 테이퍼 축에 사용하기 편리한 키는?

① 묻힘 키   ② 우드러프 키
③ 케네디 키   ④ 둥근 키

31 지름이 50 [mm]인 연강봉을 20 [m/min]의 절삭 속도로 선삭할 때 스핀들의 회전수는?

① 100 [rpm]   ② 127 [rpm]
③ 214 [rpm]   ④ 440 [rpm]

32 어떤 기관의 고온측 온도가 327 [℃], 저온측 온도가 127 [℃]이다. 그렇다면 이 기관의 최고 효율은 얼마인가?

① 66.6 [%]   ② 33.3 [%]
③ 22.2 [%]   ④ 44.4 [%]

33 이산화탄소의 삼중점 압력은 몇 기압인가?

① 2.1기압   ② 3.1기압
③ 5.1기압   ④ 6.1기압

34 압입자에 1~120 [kg]의 하중을 걸어 자국의 대각선 길이로 경도를 측정하고, 하중을 가하는 시간은 캠의 회전 속도로 조절하는 경도 시험법은?

① 브리넬 경도   ② 쇼어 경도
③ 로크웰 경도   ④ 비커스 경도

35 일반적으로 금속은 응고하면 수축하지만 예외적으로 팽창을 하는 금속이 있다. 이 금속은 무엇인가?

① 카드뮴   ② 니켈
③ 비스무트   ④ 몰리브덴

36 불림에 대한 설명으로 옳지 <u>못한</u> 것은?

① A3점, Acm점보다 높게 가열, 공기 중에서 냉각하여 소르바이트 조직을 얻기 위한 열처리이다.
② 탄소강의 표준 조직을 얻을 수 있다.
③ 불림을 통해 결정 조직이 조대화된다.
④ 재료의 내부 응력을 제거한다.

37 질화법에 대한 설명으로 옳지 <u>못한</u> 것은?

① 기어의 잇면, 크랭크축, 실린더 내면에 적용한다.
② 게이지 블록은 0.3~0.7 [mm] 깊이로 질화시킨다.
③ 경도는 침탄법보다 우수하다.
④ 질화법은 침탄법보다 10배 정도 시간이 더 걸리지만, 비용은 저렴하다.

38 밀링 가공에서 밀링 커터의 날(Tooth)당 이송이 0.4 [mm/Tooth], 회전당 이송이 0.2 [mm/rev], 커터의 날이 4개, 커터의 회전 속도가 200 [rpm]일 때, 테이블의 분당 이송 속도[mm/min]는?

① 120　　　　　② 220　　　　　③ 320　　　　　④ 420

39 취성 재료의 분리 파손과 가장 잘 일치하는 이론은 무엇인가?

① 최대 전단 응력설　　　　　② 최대 주응력설
③ 변형 에너지설　　　　　　④ 최대 변형률설

40 잔류 응력에 대한 설명으로 옳지 <u>못한</u> 것은?

① 재료에 외력을 가하고 제거해도 소재 내부에 남아 있는 응력을 말한다.
② 상의 변화, 온도 구배, 불균일 변형이 가장 큰 원인이다.
③ 인장 잔류 응력은 응력 부식 균열을 발생시킬 수 있다.
④ 압축 잔류 응력은 피로 한도, 피로 수명을 저하시킨다.

41 A 나사와 B 나사가 있다. A 나사의 효율이 B 나사의 효율보다 좋지 못하다. 이때, 결합용 나사로 사용하려면 어떤 나사를 사용하는 것이 적합한가?

① A 나사　　　　　　　　　　② B 나사
③ A, B 나사 둘 다 사용해도 된다.　　④ 위 조건으로 파악할 수 없다.

42 섭씨와 화씨가 같아지는 온도는 얼마인가?

① 10 [℃]　　　　② 40 [℃]　　　　③ -10 [℃]　　　　④ -40 [℃]

43 다음 순금속 중 열전도율이 큰 순서대로 바르게 묶인 것은?

① 구리＞백금＞알루미늄＞니켈＞아연＞철＞은
② 알루미늄＞백금＞니켈＞구리＞아연＞철＞은
③ 백금＞구리＞알루미늄＞니켈＞아연＞은＞철
④ 은＞구리＞백금＞알루미늄＞아연＞니켈＞철

44 아래 단위 환산에 대한 설명으로 옳지 <u>못한</u> 것은?

① 1 [PS]＝632 [kcal/h]
② 1 [PS]＝75 [kgf · m/s]
③ 1 [kW]＝102 [kgf · m/s]
④ 1 [HP]＝860 [kcal/h]

45 엔트로피에 대한 설명으로 옳지 <u>못한</u> 것은?

① 가역 단열 변화는 엔트로피 변화가 없다.
② 가역 현상이 존재할 수 없는 자연계에서는 엔트로피는 항상 증가한다.
③ 비가역 단열 변화에서 엔트로피는 최초 상태와 최종 상태에 기인된다.
④ 비가역 단열 변화에서 엔트로피는 상태 전보다 상태 후가 크다.

46 선반에 지름 50 [mm]의 재료를 절삭 속도 60 [m/min], 이송 0.2 [mm/rev], 길이 30 [mm]로 1회 가공할 때 필요한 시간은?

① 약 10초 　　② 약 18초 　　③ 약 23초 　　④ 약 39초

47 얼음 위에서 질량 25 [kg]의 청년이 뛰어와 질량 5 [kg]의 썰매에 올라탄 직후 속도가 2 [m/s]였다면 썰매는 얼마나 미끄러진 후 정지하는가? (단, 썰매와 얼음 사이의 마찰계수는 0.02이다.)

① 1.0 [m] 　　② 5.1 [m] 　　③ 10.2 [m] 　　④ 20.4 [m]

48 부피가 0.5 [m³]인 용기에 투입된 공기의 압력이 200 [kPa]이다. 이때, 공기의 질량이 5 [kg]이면 공기의 온도[K]는 얼마인가? (단, 공기는 이상 기체로 가정하고, 기체 상수 R는 500 [J/kg · K]이다.)

① 30 　　② 40 　　③ 50 　　④ 60

49 진동계에서 진폭이 감소하는 현상을 나타내는 용어는?

① 각속도 　　② 변위 　　③ 공진 　　④ 감쇠

50 다음 측정 기기 중 길이를 측정할 수 <u>없는</u> 것은?

① 블록 게이지 　　② 하이트 게이지 　　③ 오토 콜리메이터 　　④ 다이얼 게이지

③회 실전 모의고사 **정답 및 해설**

01	③	02	③	03	③	04	④	05	②	06	①	07	④	08	②	09	④	10	③
11	②	12	④	13	②	14	②	15	②	16	③	17	③	18	④	19	③	20	③
21	④	22	②	23	③	24	②	25	③	26	③	27	④	28	④	29	③	30	③
31	②	32	②	33	③	34	④	35	③	36	③	37	④	38	③	39	②	40	④
41	①	42	④	43	④	44	④	45	④	46	③	47	③	48	④	49	④	50	③

01
정답 ③

[벨트 풀리의 림면의 중앙부를 높게 제작하는 이유]
벨트가 회전하는 도중 풀리에서 벗겨지는 것을 방지하기 위해 높게 제작한다.

02
정답 ③

SI 단위에서 전하량 및 전기량은 C(쿨롱) 단위를 사용한다.
W(와트)는 전력의 단위이다.

• 전력: 1초 동안 소비하는 전력 에너지

03
정답 ③

베어링에 레이디얼 하중(반경 방향 하중)이 작용하고 있으므로
압력$(P)=\dfrac{하중}{투영한 면적}$이다.
그러므로 $P=\dfrac{8.4\times1000\,[\mathrm{N}]}{0.12\,[\mathrm{m}]\times0.2\,[\mathrm{m}]}=350000\,[\mathrm{N/m^2}]=0.35\,[\mathrm{MPa}]$

04
정답 ④

$C<0$ 및 브레이크 드럼이 우측으로 회전하므로 힌지에서 모멘트를 돌리면 다음과 같다.

➡ $Fa-Pb+\mu Pc=0 \qquad \therefore F=\dfrac{f}{\mu a}(b-\mu c)$

05
정답 ②

[1보일러 마력]
100도의 물 15.65 [kg]을 1시간 이내에 100도의 증기로 만드는 데 필요한 열량

- 100도의 물에서 100도의 증기까지 만드는 데 필요한 증발 잠열: 539 [kcal/kg]
- 1보일러 마력: $539 \times 15.65 = 8435.35$ [kcal/hr]

06

정답 ①

- **고리 볼트**: 기계, 가구류 등을 매달아 올릴 때 로프, 체인, 훅 등을 거는 데 사용되는 쇠고리 모양을 한 볼트이다.
- **나비 볼트**: 손으로 쉽게 돌려 조일 수 있는 볼트로, 핀치의 종류에 따라 1종, 2종으로 구분된다.
- **충격 볼트**: 충격이 많이 걸리는 곳에 사용되며, 나사의 부분과 나사를 깎지 않은 부분과의 단면적을 같게 해 주어 균일한 강도를 가지게 한다.

07

정답 ④

고정 커플링은 일직선상에 있는 2개의 축을 볼트와 키로 결합할 때 사용한다.

[고정 커플링의 종류]
- **원통형 커플링**: 머프 커플링, 반중첩 커플링, 마찰 원통 커플링, 분할 원통 커플링, 셀러 커플링
- **플랜지 커플링**

08

정답 ②

센터리스 연삭은 공작물을 센터나 척으로 지지하지 않고 지지판을 사용하여 원통면을 연속적으로 가공하는 방식이다.

[센터리스 연삭기의 특징]
- 센터가 필요하지 않아 센터 구멍을 가공할 필요가 없다.
- 가늘고 긴 가공물에 연삭에 유리하다.
- 연속적인 가공에도 매우 용이하다.
- 긴 홈이 있거나 대형, 중량 공작물은 연삭이 불가능하다.
- 연삭 여유가 작아도 된다.
- 속이 빈 가공물을 연삭할 때 편리하다.
- 연삭 숫돌의 폭보다 넓은 가공물을 플랜지 컷 방식으로 연삭할 수 없다.
- 연삭 숫돌의 폭이 크므로 연삭 숫돌 지름의 마멸이 적고 수명이 길다.
- 숙련을 요구하지 않는다.

09

정답 ④

구분	냉간 가공	열간 가공
가공 온도	재결정 온도 이하	재결정 온도 이상
표면 거칠기, 치수 정밀도	우수	냉간 가공에 비해 거칠다
동력	많이 든다	적게 든다.
가공 경화	가공 경화가 발생하여 가공품의 강도 증가	가공 경화가 발생하지 않는다.

10

정답 ③

[방전 가공]

• 두 전극 사이에 방전을 일으킬 때 생기는 물리적·기계적 작용을 이용해서 가공하는 방법으로 일반적으로 금속 재질에 대한 구멍파기·특수 모양의 가공에는 스파크 가공이, 금속 절단에는 아크 가공이, 비금속재의 드릴링 등에는 코로나 가공이 이용된다.

• 방전 가공은 재료의 강도에 무관하며, 평면 입체 등의 복잡한 형상의 가공이 용이하다.

• 표면 가공 시 길이 0.1~0.2 [μm Max]까지 가공할 수 있으며, 열에 의한 표면 변질이 적어 특수 가공에 많이 이용된다.

➡ 콘덴서 용량이 크면 가공 시간은 빠르지만 가공면과 치수 정밀도가 불량하다.

11

정답 ②

[연삭 숫돌을 교환할 때, 숫돌을 끼우기 전에 숫돌의 파손이나 균열 여부를 판단하기 위한 검사 방법]
음향 검사, 진동 검사, 균형 검사

📎 암기 ··

(음)~ 맛이 (진)하고 (균)일하군!

12

정답 ④

	산	알칼리	염기성
청동	×	×	○
마그네슘	×	○	×
알루미늄	×	X	×
니켈	×	○	
강	×	○	

위의 표에서 ○는 강함을 의미하며, ×는 약함을 의미한다.
표는 쉽게 정리해놨으니 꼭 암기!

13

정답 ②

$F = \delta k$, $\delta = \dfrac{f}{k}$에서 k가 직렬 연결이므로

$k = \dfrac{1}{\dfrac{1}{k_1} + \dfrac{1}{k_2}} = \dfrac{1}{\dfrac{1}{6} + \dfrac{1}{10}} = \dfrac{1}{\dfrac{16}{60}} = \dfrac{60}{16} = 3.75$

$\therefore \delta = \dfrac{F}{k} = \dfrac{80}{3.75} \fallingdotseq 21.33 \, [\text{cm}]$

• 병렬 연결: $k = k_1 + k_2 + k_3 \cdots$

• 직렬 연결: $k = \dfrac{1}{\dfrac{1}{k_1} + \dfrac{1}{k_2} + \dfrac{1}{k_3}} + \cdots$

14

정답 ②

$\eta = 1 - \dfrac{T_2}{T_1} = \dfrac{W}{Q} \rightarrow 1 - \dfrac{200}{400} = \dfrac{W}{500} \rightarrow W = 250 \, [\text{kJ}]$

15

정답 ②

$W = \dfrac{\pi d^2}{4}$에서

$\tau_a = \dfrac{4W}{\pi d^2} = \dfrac{4 \times 350}{3.14 \times 20^2} \fallingdotseq 1.11 \, [\text{kg/mm}^2]$

$\therefore$ 안전율 $S = \dfrac{\tau_a}{\tau_a} = \dfrac{2.0}{1.11} = 1.8$ (τ_a: 전단 응력, τ_a: 전단 강도)

16

정답 ③

베어링 종류	하중 방향
레이디얼 베어링	축의 직각 방향으로 하중을 받는 베어링
원뿔 베어링	축 방향과 축의 직각 방향으로 하중을 동시에 받는 베어링
스러스트 베어링	축 방향으로 하중을 받는 베어링

17

정답 ③

[고온 탈아연]

• 고온에서 황동 표면의 아연이 증발하는 현상이다.

• 표면 온도가 높을수록 발생이 심하다.

• 표면이 깨끗할수록 발생이 심하다.

• 황동 표면에 산화물 피막을 발생시켜 방지할 수 있다.

18

[확동 입체 캠]

• 원뿔 캠: 원뿔 표면에 윤곽 곡선이 있는 캠
• 원통 캠: 원통 표면에 윤곽 곡선이 있는 캠
• 구형 캠: 구의 표면에 윤곽 곡선이 있는 캠

19

[세라믹 특징]

• 도기라는 뜻으로, 점토를 소결하여 만들어진다.
• 충격에 약하며, 세라믹은 금속 산화물, 탄화물, 질화물 등 순수 화합물로 구성된다.
• 1200 [℃]까지 경도의 변화가 없고, 열전도율이 낮아 내화제로 사용된다.
• 냉각제 사용 시 파손된다.
• 세라믹은 이온 결합+공유 결합 형태로 이루어져 있으며, 구성 인선이 발생하지 않는다.

20

스프링 지수 C는 스프링의 평균 지름과 소선 지름의 비로 $C=D/d$이다.
따라서 스프링의 평균 지름 $D=C \cdot d$이다.

21

연삭비는 $\dfrac{\text{연삭에 의해 제거된 소재의 체적}}{\text{숫돌의 마모 체적}}$ 으로 정의된다.

22

$mE=2G(m+1)=3K(m-2) \rightarrow E=2G(1+\nu)=3K(1-2\nu)$
(단, m: 포아송 수, ν: 포아송 비)

➡ $100=2G(1+0.4) \rightarrow G=35.71\,[\text{GPa}]$

23

[테르밋 용접]

• 알루미늄과 산화철을 혼합하여 발생하는 발생열로 용접을 실시한다.
• 용접 시간이 짧고, 설비비가 싸다.
• 전력이 필요없고, 반응으로 인한 발생열은 3000 [℃]이다.
• 용접 접합 강도가 작으며, 용접 변형이 적다.

- 기차 레일 접합, 차축, 선박 등의 맞대기 용접과 보수 용접에 사용된다.
- 알루미늄 산화철 1 : 3 비율로 혼합

24

정답 ②

초음파 용접은 압접법에 속한다.

[용접의 종류]
- 융접법
  ① 아크 용접
    − 용극식: SMAW(피금속 아크 용접), MIG(불활성 가스 금속 아크 용접), CO_2(탄산가스 아크 용접), STUD(스터드 용접), SAW(서브머지드 아크 용접), 잠호 용접
    − 비용극식: TIG(불활성 가스 텅스텐 아크 용접), 탄소 아크 용접, 원자 수소 용접, 플라스마 아크 용접
  ② 가스 용접: 산소−아세틸렌 가스 용접, 산소−프로판 가스 용접, 산소−수소 가스 용접, 공기−아세틸렌 가스 용접
  ③ 기타 특수 용접: 테르밋 용접, 레이저빔 용접, 전자빔 용접, 일렉트로슬래그 용접
- 압접법
  ① 가열식(저항 용접)
    − 겹치기 저항 용접: Spot(점용접), Seam(심용접), 프로젝션 용접
    − 맞대기 저항 용접: 업셋 용접, 플랫버트 용접, 방전 충격 용접
  ② 비가열식: 초음파 용접, 확산 용접, 마찰 용접, 냉간 용접
- 납접법

25

정답 ③

분류	절삭 가공	연삭 가공
날끝의 모양 (레이크 각)	칩이 나오기 쉬운 (+)의 레이크 각을 가진 성형날 형태	칩이 잘 나오지 않는 (−)의 레이크 각을 가진 불규칙한 날끝 형태
속도	수 [m/min]	1,500∼3,000 [m/min]
연삭 저항	접선 저항이 크다.	법선 저항이 크다.
발생 열량	칩 1 [g]당 약 100 [cal]	칩 1 [g]당 약 1,000 [cal] 이상
발생열 분포	발생한 열의 약 80 [%]가 칩에 흡수된다.	발생한 열의 약 84 [%]가 공작물에 흡수된다.

26

정답 ③

- 코이닝(Coining): 소재면에 요철을 내는 가공법으로, 가공면의 형상은 이면의 것과는 무관하며, 판 두께의 변화에 의해 가공된다. 화폐, 메달, 배지, 문자 등의 제작에 이용된다.
- 엠보싱(Embossing): 요철이 있는 다이와 펀치로 판재를 눌러 판에 요철을 내는 가공으로, 일종의

Shallow Drawing이다. 판의 이면에는 표면과 반대의 요철이 생겨 판 두께에는 변화가 거의 없으며, 장식품의 가공 또는 판의 강성을 높이는 데 사용된다.

- 스웨이징(Swaging): 여러 개의 회전하는 다이로 재료에 충격력을 주어 소재의 단면을 감소시키는 가공법으로, 재료의 두께를 감소시키는 작업이다.

27   정답 ④

상향 절삭은 칩의 가장 두꺼운 위치에서 절삭이 끝나고, 하향 절삭은 칩의 가장 두꺼운 위치에서 절삭이 시작한다.

28   정답 ④

- **침탄법**: 순철에 0.2 [%] 이하의 탄소(C)가 합금된 저탄소강을 목탄과 같은 침탄제 속에 완전히 파묻은 상태로 900~950 [℃]로 가열하여 재료의 표면에 탄소를 침입시켜 고탄소강으로 만든 후 급냉시킴으로써 표면을 경화시키는 열처리법이다. 기어나 피스톤 핀을 표면 경화할 때 주로 사용된다.
- **고주파 경화법**: 고주파 유도 전류로 강(Steel)의 표면층을 급속 가열한 후 급냉시키는 방법으로, 가열 시간이 짧고, 피가열물에 대한 영향을 최소로 억제하며 표면을 경화시키는 표면 경화법
- **숏피닝**: 강이나 주철제의 작은 강구(볼)를 금속 표면에 고속으로 분사하여 표면층을 냉간 가공에 의한 가공 경화 효과로 경화시키면서 압축 잔류 응력을 부여하여 금속 부품의 피로 수명을 향상시키는 표면 경화법
- **샌드 블라스트**: 분사 가공의 일종으로 직경이 작은 구를 압축 공기로 분사시키거나 중력으로 낙하시켜 소재의 표면을 연마 작업이나 녹 제거 등의 가공을 하는 표면 경화법
- **질화법**: 암모니아(NH_3) 가스 분위기(영역) 안에 재료를 넣고 500 [℃]에서 50~100시간을 가열하면 재료 표면에 Al, Cr, Mo 원소와 함께 질소가 확산되면서 강재료의 표면이 단단해지는 표면 경화법

29   정답 ③

[다이캐스팅(Die Casting)]
용용 금속을 금형(영구 주형) 안에 대기압 이상의 높은 압력으로 빠르게 주입하여 용용 금속이 응고될 때까지 압력을 가하여 압입하는 주조법이다.

- **사용 재료**: 아연, 알루미늄, 주석, 구리, 마그네슘 등의 합금
- **용도**: 사진기, 자동차 부품, 전기기구, 광학기구, 라디오, TV 부품, 통신기기, 방직기 등

[장점]
- 정밀도가 높고 주물 표면이 매끈하다.
- 기계적 성질이 우수하며, 대량 생산이 가능하며 얇고 복잡한 주물의 주조가 가능하다.
- 기공이 적고 결정립이 미세화되고 치밀한 조직을 얻을 수 있다.
- 기계 가공이나 다듬질할 필요가 없으므로 생산비가 저렴하다.
- 다이캐스팅된 주물 재료는 얇기 때문에 주물 표면과 중심부 강도는 동일하다.

[단점]
- 가입 시 공기 유입이 용이하며, 열처리를 하면 부풀어 오르기 쉽다.
- 주형 재료보다 용융점이 높은 금속 재료에는 적합하지 않다.
- 시설비와 금형 제작비가 비싸고 생산량이 많아야 경제성이 있다. 즉, 소량 생산은 적합하지 않다.

[고온 챔버 다이캐스팅]
- 사출부가 용해 금속이 가득 찬 탱크(도가니) 안에서 가열되는 방법
- 매 주조마다 챔버를 다시 채울 필요가 없어 사이클 시간이 상대적으로 짧다.

[저온 챔버 다이캐스팅]
- 매 주조마다 챔버를 다시 채워야 하므로 사이클 시간이 상대적으로 더디다.
- 고온 챔버보다는 주조 횟수가 적으나, 알루미늄 합금, 특히 구리 합금 등의 주조에 이용한다.

[고온/저온 챔버 다이캐스팅 장점]

고온 챔버 다이캐스팅	저온 챔버 다이캐스팅
· 탕 흐름의 우수성 · 금형 수명의 향상 · 마그네슘의 산화 방지에 효율적 · 자동화 및 에너지 절감의 우수성 · 넓은 사출 영역에서 제품을 만들 때	· 큰 제품의 생산에 용이하다. · 알루미늄을 비롯한 다양한 합금에 적용한다. · 소모품들의 가격이 저렴하다. · 칩의 전환 비용이 발생하지 않는다. · 높은 사출력과 생산성으로 광범위한 두께의 제품 생산에 적합하다.

30
정답 ②

[반달 키(우드러프 키)]
- 키 박음을 할 때 축에 자동적으로 자리를 잡는 기능이 있다.
- 키의 크기에 비해 키 홈이 깊어 테이퍼 축에 사용하기 편리하다.
- 키 홈이 깊게 가공되어 축의 강도가 저하될 수 있다.

31
정답 ②

$$V = \frac{\pi DN}{1000} \rightarrow 20 = \frac{\pi 50 \times N}{1000} \rightarrow N = 127 \,[\text{rpm}]$$

32
정답 ②

$$\eta = 1 - \frac{T_2}{T_1} = 1 - \frac{(127+273)}{(327+273)} = 1 - \frac{400}{600} = 1 - \frac{4}{6} = \frac{2}{6} \rightarrow \frac{2}{6} \times 100(\%) = 33.3\,[\%]$$

33

정답 ③

[삼중점]

물질 상태는 압력과 온도에 의해 달라진다. 이때, 고체, 액체, 기체의 상태가 공존하는 압력과 온도 조건에 있는 상태를 삼중점이라고 한다.

- 물의 삼중점 압력과 온도: 0.006기압(4.58 [mmhg]), 0.009 [℃]
- 이산화탄소의 삼중점 압력과 온도: 5.1기압, −56.6 [℃]

34

정답 ④

[비커스 경도법]

136°인 다이아몬드의 피라미드 압입자에 1~120 [kg]의 하중을 걸어 자국의 대각선 길이로 정도를 측정하고, 하중을 가하는 시간은 캠의 회전 속도로 조절한다.

[경도 시험법의 종류]

종류	시험 원리	압입자
브리넬 경도	압입자인 강구에 일정량의 하중을 걸어 시험편의 표면에 압입한 후, 압입 자국의 표면적 크기와 하중의 비로 경도를 측정한다.	강구
비커스 경도	압입자에 1~120 [kg]의 하중을 걸어 자국의 대각선 길이로 경도를 측정하고, 하중을 가하는 시간은 캠의 회전 속도로 조절한다.	136°인 다이아몬드 피라미드 압입자
로크웰 경도	압입자에 하중을 걸어 압입 자국(홈)의 깊이를 측정하여 경도를 측정한다. • 예비 하중: 10 [kg] • 시험 하중 ┌ B 스케일: 100 [kg] └ C 스케일: 150 [kg]	• B 스케일: 강구 • C 스케일: 120° 다이아몬드(콘)
쇼어 경도	추를 일정한 높이에서 낙하시켜 이 추의 반발 높이를 측정해서 경도를 측정한다.	다이아몬드 추

35

정답 ③

[금속의 특징]

상온에서 고체이며, 고체 상태에서 결정 구조를 갖는다. 단, 수은은 상온에서 액체!

- 전연성이 우수하여 가공하기 쉽다.
- 금속 특유의 광택을 지니며 빛을 잘 반사한다.
- 열과 전기의 양도체이며, 비중과 경도가 크고 용융점이 높다.
- 대부분 금속은 응고 시 수축한다. 하지만, 비스무트와 안티몬은 응고 시 팽창한다.

36

정답 ③

[불림의 목적]
- A3, Acm보다 30~50도 높게 가열한 후 공기 중에서 냉각하여 소르바이트 조직을 얻는다.
- 강의 표준 조직을 얻는다.
- 조직을 미세화하며, 내부 응력을 제거한다.

✐ 암기법
(불)(미)(제)　　불림은 미세화 및 응력 제거!

37

정답 ④

질화법은 침탄법보다 10배 정도 시간과 비용이 더 든다.

특성	침탄법	질화법
경도	질화법보다 낮다.	침탄법보다 높다.
수정 여부	침탄 후 수정 가능	수정 불가
처리 시간	짧음	길음
열처리	침탄 후 열처리 필요	열처리 불필요
변형	변형이 크다.	변형이 작다.
취성	질화층보다 여리지 않다.	질화층보다 여리다.
경화층	질화법에 비해 깊다.	침탄법에 비해 얇다.
가열 온도	질화법보다 높다.	침탄법보다 낮다.

38

정답 ③

$f=f_z \times z \times n = 0.4 \times 4 \times 200 = 320 \,[\text{mm/min}]$

39

정답 ②

취성 재료(주철)의 분리 파손과 가장 잘 일치하는 이론은 최대 주응력설이고, 축 지름을 구할 때 사용한다.

참고
최대 전단 응력설은 연강과 같은 연성 재료의 미끄럼 파손에 일치한다.

40

정답 ④

압축 잔류 응력은 피로 한도, 피로 수명을 향상시킨다.

참고
잔류 응력이 존재하는 표면을 드릴로 구멍을 뚫으면 그 구멍이 타원 형상으로 변형될 수 있다.

41

- 결합용 나사: 삼각 나사, 유니파이 나사, 미터 나사 등
- 운동용 나사: 톱니 나사, 볼 나사, 사각 나사, 사다리꼴 나사, 둥근 나사 등

나사의 효율이 낮아야 결합용으로 사용한다. 효율이 좋다는 것은 운동용 즉, 동력 전달에 사용한다는 의미이므로 효율이 낮아야 결합용(체결용) 나사로 사용한다.

42

- 섭씨와 화씨가 같아지는 온도: $-40\,[\text{℃}]$　　(암기하는 것이 좋다.)
- 섭씨와 화씨의 관계식: $C = 5/9 \cdot (F-32)$, 섭씨와 화씨가 같으므로 $C = 5/9 \cdot (C-32)$이므로
  ➡ $C = -40\,[\text{℃}]$

43

열의 전달 정도를 나타내는 물질에 관한 상수로 온도나 압력에 따라 달라진다. 순도가 좋은 금속일수록 열전도율이 좋고 불순물이 증가할수록 열전도율이 떨어진다. 특히, 금속은 자유 전자에 의한 열전도 때문에 큰 값을 가진다.

[순금속의 열전도율 순서]
은＞구리＞백금＞알루미늄＞아연＞니켈＞철

44

- 동력: 단위 시간당 한 일
- $1\,[\text{kW}] = 102\,[\text{kg} \cdot \text{m/s}] = 860\,[\text{kcal/h}]$
- $1\,[\text{HP}] = 76\,[\text{kg} \cdot \text{m/s}] = 641\,[\text{kcal/h}]$
- $1\,[\text{PS}] = 75\,[\text{kg} \cdot \text{m/s}] = 632\,[\text{kcal/h}]$

45

[엔트로피]
- 가역에서는 등엔트로피 변화, 비가역에서는 항상 엔트로피는 증가한다.
- 가역 단열 변화일 경우에는 엔트로피의 변화가 없다. 즉, 등엔트로피 변화이다.
- 가역 현상이 존재할 수 없는 자연계에서는 엔트로피는 항상 증가한다. (비가역이므로)
- 비가역 단열 변화에서 엔트로피는 최초 상태와 최종 상태에 기인된다.
- 비가역 단열 변화에서 엔트로피는 상태 전이 큰지 상태 후가 큰지 판단할 수 없다. 그 이유는 총 합성계의 엔트로피(엔트로피의 총합=시스템+주위)가 항상 증가하는 것이지, 상태 후가 상태 전보다 항상 크지 않다. 예를 들어, 상태 전의 엔트로피 +5이고 상태 후의 엔트로피가 -4이어도 총합의 엔트로피는 +1로 증가하게 된다.

46

정답 ③

$T(가공 \ 시간) = \dfrac{L}{NS}$ (단, $L=$길이, $N=$회전수, $S=$이송)

$V = \dfrac{\pi DN}{1000} \rightarrow N = \dfrac{1000V}{\pi D} = \dfrac{1000 \times 60}{\pi \times 50} = 382.17 \ [\text{rpm}]$

➡ $\dfrac{L}{NS} = \dfrac{30}{382.17 \times 0.2} \rightarrow T = 0.392분 = 0.392 \times 60 = 약 \ 23초$

47

정답 ③

운동량 보존의 법칙으로 청년이 뛰어오는 속도 V_1을 구해본다.

$m_1 V_1 = m_2 V_2$

(단, $m_1=$청년의 질량, $m_2=$청년의 질량+썰매의 질량, $V_1=$청년의 속도(올라타기 전, $V_2=$썰매에 올라탄 직후의 속도)

➡ $25V_1 = 30 \times 2 \rightarrow V_1 = 2.4 \ [\text{m/s}]$

➡ 썰매에 올라탄 직후의 운동 에너지는 썰매가 마찰에 의해 멈출 때까지의 일량으로 변환된다.

  즉, $\dfrac{1}{2} m_2 V_2^{\ 2} = \mu \ mgs \rightarrow \dfrac{1}{2} \times 30 \times 2^2 = 0.02 \times 30 \times 9.8 \times S \rightarrow S = 10.2 \ [\text{m}]$

48

정답 ②

$Pv = mRT \rightarrow 200 \times 0.5 = 5 \times 0.5 \times T \rightarrow T = 40 \ [\text{K}]$

49

정답 ④

• 각속도: 원운동에서 단위 시간당 회전한 각도 $w = \dfrac{\varDelta \theta}{\varDelta t}$

• 변위: 위치의 변화량으로, 크기와 방향을 가지는 벡터량이다.

• 공진: 특정 진동수를 가진 물체가 같은 진동수의 힘이 외부에서 가해질 때 진폭이 커지면서 에너지가 증가하는 현상이다.

• 감쇠: 진동계에서 진폭이 감소하는 현상이다.

50

정답 ③

• 블록 게이지: 길이 측정의 기구로 사용되며, 여러 개를 조합하여 원하는 치수를 얻을 수 있다.

• 하이트 게이지: 높이 측정 및 금긋기에 사용하며, 종류는 HT, HB, HM형이 있다

• 오토 콜리메이터: 각도 측정기로 미소각의 차이 및 변화를 측정한다. (수준기+망원경)

• 다이얼 게이지: 비교 측정기로 톱니바퀴에 의해 길이의 변화, 변위 등을 정밀하게 측정할 수 있다. 연속된 변위량을 측정할 수 있으며, 축의 흔들림, 진원도, 평면도, 평행도, 원통도, 공작물의 고저를 측정할 때 사용한다.

4회 실전 모의고사

1문제당 2점 / 점수 [   ]점

···▶ 정답 및 해설: p.78

01 점도계의 종류 중에서 스토크스 법칙과 관련 있는 점도계는?

① Saybolt viscometer
② Brookfield falling ball viscometer
③ Stomer viscometer
④ Ostwald viscometer

02 유압 작동유의 점도가 너무 낮을 경우 일어나는 현상으로 옳은 것은?

① 소음이나 공동 현상이 발생하며, 동력 손실 증가로 기계 효율이 저하된다.
② 내부 마찰의 증대로 인해 온도가 상승한다.
③ 유동 저항의 증가로 인해 압력 손실이 증가한다.
④ 내부의 오일 누설이 증대한다.

03 열전달 면적이 A이고 온도 차이가 10 [℃], 벽의 열전도율이 10 [W(m · K)], 두께 25 [cm]인 벽을 통한 열류량은 100 [W]이다. 동일한 열전달 면적에서 온도 차이가 3배, 벽의 열전도율이 6배, 벽의 두께가 3배가 되는 경우, 열류량은 약 몇 [W]인가?

① 300
② 30000
③ 600
④ 60000

04 다음은 연료의 단위량(1 [kg] 또는 1 [m³])이 완전 연소할 때 발생되는 열량을 발열량이라고 하며, 이때 발열량 종류 중 고위 발열량에 대한 설명으로 옳은 것은?

① 연소 가스 중 수분(H_2O)이 물의 형태로 존재하는 경우를 말한다.
② 고압 가스 중 증기가 물의 형태로 존재하는 경우를 말한다.
③ 연소 가스 중 수분(H_2O)이 증기 형태로 존재하는 경우를 말한다.
④ 고압 가스 중 증기가 수분(H_2O) 형태로 존재하는 경우를 말한다.

05 어떤 계의 질량이 1 [kg]일 때, 이 계의 무게는? (단, 중력 가속도는 9.81 [m/s²]이다.)

① 0.981 [N]
② 98.1 [kgf]
③ 9.81 [kgf]
④ 1 [kgf]

06 센터는 선반에 쓰이는 부속 장치로 공작물을 지지한다. 그렇다면 여러 센터에 대한 설명으로 옳지 <u>못한</u> 것은

① 회전 센터는 주축에 삽입한다.
② 정지 센터는 심압대에 삽입하여 가장 정밀한 작업에 사용된다.
③ 파이프 센터는 구멍이 큰 일감 작업에 사용된다.
④ 베어링 센터는 대형 공작물, 고속 절삭에 사용되며, 센터 끝이 공작물과 별개로 회전하여 공작물과의 회전 마찰이 발생하지 않는다.

07 내면 연삭기에 대한 설명으로 옳지 <u>못한</u> 것은?

① 외경 연삭에 비해 정밀도가 떨어진다.
② 숫돌의 마모가 크다.
③ 가공 중에는 안지름을 측정하기 어렵기 때문에 자동 치수 장치가 사용된다.
④ 숫돌의 회전수가 작아도 된다.

08 다듬질면 상태의 평면 검사에 사용되는 공구는 무엇인가?

① 트롬멜   ② 센터 게이지
③ 나이프 엣지   ④ 하이트 게이지

09 블록 게이지 등급 중에서 검사용을 뜻하는 것은?

① AA형   ② A형
③ B형   ④ C형

10 다음 NC 공작기계의 특징 중 옳지 <u>않은</u> 것은?

① 다품종 소량 생산 가공에 적합하다.
② 가공 조건을 일정하게 유지할 수 있다.
③ 공구가 표준화되어 공구 수를 증가시킬 수 있다.
④ 복잡한 형상의 부품 가공 능률화가 가능하다.

11 아크 에어 가우징의 특징으로 옳지 <u>않은</u> 것은?

① 고압의 압축 공기를 사용한다.
② 탄소 전극봉을 가우징용으로 사용한다.
③ 가스 가우징보다 작업 능률이 2~3배 높고, 모재에도 해를 입히지 않는다.
④ 강괴나 강편, 강재 표면의 홈이나 개재물, 탈탄층 등을 제거하기 위해 사용한다.

12 나사 절삭 시 2번째 이후의 절삭 시기를 알려주는 부품은?

① 클램프   ② 래칫 스톱
③ 다이얼 체이싱   ④ 다이얼 게이지

13 나사 및 기어를 연삭하기 위해서 정확한 숫돌 형상이 필요하다. 이에 따라 숫돌 모양을 수시로 교정하게 되는데, 이 공정을 무엇이라고 하는가?

① 드레싱   ② 트루잉
③ 글레이징   ④ 로딩

14 다음 중 소성 가공의 특징으로 옳지 않은 것은?

① 주물에 비해 성형된 치수가 정확하다.
② 복잡한 형상을 만들기 쉽다.
③ 금속의 조직이 치밀해진다.
④ 대량 생산으로 균일한 제품을 얻을 수 있다.

15 밀링 작업에서 단식 분할로 원주를 13등분하고자 할 때 사용되는 분할핀의 구멍 수는?

① 39   ② 40   ③ 41   ④ 42

16 임계점에 대한 설명으로 옳지 못한 것은?

① 임계점은 물질마다 다르고 임계점에서 증발 잠열은 0이다.
② 임계점의 온도는 약 374.15 [℃]이다.
③ 임계점의 압력은 약 224.15 [kgf/cm^2]이다.
④ 임계점 이상의 압력은 초임계압이라고 불리우며, 이 압력 이하에서는 증기가 증발 과정을 거치지 않고 바로 과열 증기가 된다.

17 가스 용접 시 역화가 되는 원인으로 옳은 것은 모두 몇 개인가?

| ㄱ. 팁 구멍에 불순물이 끼었을 때 | ㄴ. 토치가 불량일 때 |
| ㄷ. 아세틸렌의 공급량이 적을 때 | ㄹ. 밀폐 구역에서 작업할 때 |

① 1개   ② 2개   ③ 3개   ④ 4개

18 스프링 상수가 $2K$로 같은 2개의 스프링을 직렬로 연결한다면 등가 스프링 상수는?

① $4K$ ② $3K$ ③ $2K$ ④ $1K$

19 베어링의 호칭 번호를 나타낸 것이다. 이 중에서 베어링 안지름이 70 [mm]인 것은?

① 506 C2 P6
② 6314 ZNR
③ 7206 CDBP5
④ NA 4916 V

20 다음 중 절삭유제에 관한 설명으로 옳지 <u>않은</u> 것은?

① 극압유는 절삭 공구가 고온 고압 상태에서 마찰을 받을 때 사용한다.
② 수용성 절삭유제는 윤활 작용이 우수하고, 비수용성 절삭유제는 냉각 작용이 우수하다.
③ 절삭유제는 수용성, 불수용성, 고체 윤활제로 분류한다.
④ 불수용성 절삭유제는 광물성인 등유, 경유, 스핀들유, 기계유 등이 있으며, 그대로 또는 혼합하여 사용한다.

21 나사의 효율이란 입력한 일에 대한 출력된 일의 비를 나타낸다. 그렇다면 나사의 효율에 관한 식으로 옳은 것은?

① 나사의 효율 $= \dfrac{\text{나사의 1피치}}{\text{나사의 1리드}}$

② 나사의 효율 $= \dfrac{\text{마찰이 있는 경우 회전력}}{\text{마찰이 없는 경우 회전력}}$

③ 나사의 효율 $= \dfrac{\text{마찰이 없는 경우 회전력}}{\text{마찰이 있는 경우 회전력}}$

④ 나사의 효율 $= \dfrac{\text{나사의 1리드}}{\text{나사의 1피치}}$

22 물체가 외력을 받아 상태를 유지하고 있더라도 물체의 내부 응력이 시간에 따라 감소하는 현상을 무엇이라고 하는가?

① 응력 이완
② 피로
③ 크리프
④ 탄성 여효

23 지름의 비가 4 : 8 : 16인 모세관을 물속에 세웠다. 이때, 각 모세관의 액면 상승 높이 비는 얼마인가?

① 1 : 2 : 4
② 16 : 64 : 256
③ 4 : 2 : 1
④ 1 : 4 : 2

24 체적이 $0.2 \,[\text{m}^3]$으로 일정한 용기 안에 압력 9 [MPa], 온도 400 [K]의 이상 기체가 냉각되어 압력이 3 [MPa]가 되었다, 이때, 엔트로피의 변화[kJ/K]를 구하면?

(단, $R = 0.5 \,[\text{kJ/kg} \cdot \text{K}]$, $C_\text{v} = 0.8 \,[\text{kJ/kg} \cdot \text{K}]$, $\ln 3 = 1.1$)

① 7.92
② -0.88
③ -7.92
④ 0.88

25 두 축의 중심 거리 300 [mm], 속도비가 2 : 1로 감속되는 외접 원통 마찰의 원동차(D_1)와 종동차(D_2)의 지름은 각각 몇 [mm]인가?

① $D_1=600$ [mm], $D_2=1,200$ [mm] ② $D_1=200$ [mm], $D_2=400$ [mm]
③ $D_1=100$ [mm], $D_2=200$ [mm] ④ $D_1=300$ [mm], $D_2=600$ [mm]

26 세트 나사를 풀고 잠글 때 사용하는 공구는?

① L−렌치 ② 링 스패너
③ 갈고리 스패너 ④ 박스 스패너

27 재료의 원래 성질을 유지하면서 내마멸성을 증가시키는 데 가장 적합한 열처리는?

① 방전 경화법 ② 질화법
③ 청화법 ④ 고주파 경화법

28 원자의 결합 형태 중에서 가장 결합력이 작은 결합은?

① 이온 결합 ② 금속 결합
③ 반데르발스 결합 ④ 공유 결합

29 파이프의 안지름 $D=4,000$ [mm], 평균 유속 $v_m=8$ [m/s]일 때, 유량은?

① 6π [m³/s] ② 12π [m³/s]
③ 24π [m³/s] ④ 32π [m³/s]

30 TTT 곡선은 무엇과 무엇의 관계를 나타내는가?

① 시간, 변형, 가공도 ② 온도, 변태, 변형
③ 시간, 온도, 변태 ④ 시간, 조직, 온도

31 피스톤 로드와 같이 인장과 압축이 교대로 번갈아가며 작용하는 하중은?

① 교번 하중 ② 정하중
③ 반복 하중 ④ 동하중

32 철강 중 황의 분포 상태를 검사하는 방법은 설퍼프린트 방법이다. 그렇다면 유황이 많이 모이는 곳에 브로마이드 용지는 무슨 색으로 변하는가?

① 초록색   ② 검은색
③ 빨강색   ④ 파랑색

33 $N=600$ [rpm], $D_m=400$ [mm], 축 방향으로 미는 힘 $P=2,000$ [kg], 마찰 계수 $\mu=0.4$일 때 원판 클러치의 전달 마력은?

① 13.393 [PS]   ② 133.93 [PS]
③ 1339.3 [PS]   ④ 13393 [PS]

34 나사에서 $M20\times2$를 바르게 설명한 것은?

① 미터 나사로 피치가 20 [mm]이며, 호칭 지름이 2 [mm]이다.
② 미터 나사로 길이가 20 [mm]이며, 호칭 지름이 2 [mm]이다.
③ 미터 나사로 호칭 지름이 20 [mm]이며, 피치가 2 [mm]이다.
④ 미터 나사로 20번으로 표시하며, 호칭 지름이 2 [mm]이다.

35 가스 용접에 사용하는 가연성 가스가 <u>아닌</u> 것은?

① 아세틸렌   ② 수소
③ 프로판   ④ 산소와 공기의 혼합가스

36 다음 중 차축에 주로 작용하는 모멘트는?

① 굽힘 모멘트   ② 압축 모멘트
③ 비틀림 모멘트   ④ 비틀림과 굽힘 모멘트

37 수나사에서는 최소 지름이 되고, 암나사에서는 최대 지름이 되는 지름은?

① 골지름   ② 안지름
③ 유효 지름   ④ 바깥 지름

38 어떤 금속 4 [kg]을 30 [℃]에서 T [℃]까지 가열하는 데 필요한 열량이 20 [kJ]이라면, T [℃]는 얼마인가? (단, 금속의 비열은 0.5 [kJ/kg·K]이다.)

① 40 [℃]   ② 50 [℃]
③ 60 [℃]   ④ 70 [℃]

39 다음 중 무단 변속이 불가능한 마찰차는?

① 원판 마찰차
② 원통 마찰차
③ 구면 마찰차
④ 원뿔 마찰차

40 조미니 시험은 무엇을 알아보기 위한 시험인가?

① 부식성
② 마모성
③ 인성 강도
④ 담금질성

41 전해 연삭에 대한 설명으로 옳지 못한 것은?

① 다듬질면은 광택이 나지 않는다.
② 경도가 높은 재료일수록 연삭 능률이 기계 연삭보다 낮다.
③ 필요로 하는 다양한 전류를 얻기 힘들다.
④ 연삭 저항이 작으므로 연삭열 발생이 적으며, 숫돌의 수명이 길다.

42 구름 베어링의 기본 정격 하중에 대한 설명으로 옳은 것은?

① 33.3 [rpm]으로 500시간 사용할 수 있는 하중
② 전동체의 영구 변형량과 궤도륜의 영구 변형량과의 합이 전동체 지름의 0.1배가 될 때의 정격 하중
③ 전동체의 영구 변형량과 궤도륜의 영구 변형량과의 합이 전동체 지름의 0.01배가 될 때의 정격 하중
④ 전동체의 영구 변형량과 궤도륜의 영구 변형량과의 합이 전동체 지름의 0.0001배가 될 때의 정격 하중

43 공작기계의 기본 운동이 아닌 것은?

① 위치 조정 운동
② 절삭 운동
③ 회전 운동
④ 이송 운동

44 두 풀리의 축간 거리 $C = 3,000$ [mm], 원통 풀리의 지름 $D_1 = 400$ [mm], 종동 풀리의 지름 $D_2 = 200$ [mm]일 때 오픈 벨트로 감으면 벨트의 길이는 얼마인가?

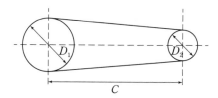

① 5945 [mm]
② 6945 [mm]
③ 7945 [mm]
④ 8945 [mm]

45 심공은 일반적으로 구멍의 길이가 내경보다 (   )배 이상 되는 것을 말하는가?

① 3배
② 4배
③ 5배
④ 6배

46 계측용 나사에는 정밀 가공이 쉬운 삼각 나사가 주로 이용되는데, 마이크로미터용 나사의 경우 리드는?

① 0.1 [mm]
② 0.5 [mm]
③ 1.0 [mm]
④ 2.0 [mm]

47 여러 단조 기계의 설명으로 옳지 <u>못한</u> 것은 무엇인가?

① 공기 해머는 압축 공기를 실린더 내의 피스톤에 작용시켜 재료에 강한 타격을 가하며 타격력을 조절할 수 있다.
② 증기 해머는 재료에 강력한 타격을 줄 수 있다. 또한, 복동식은 해머를 상승시킬 때만 증기가 작용하고, 단동식은 해머가 낙하할 때도 증기력이 작용한다.
③ 스프링 해머는 강력한 타격력을 스프링에 의해 발생시킬 수 있고, 타격 속도가 아주 빠른 장점이 있으며, 소형 단조물에 사용한다.
④ 드롭 해머는 해머를 일정한 높이에서 낙하시켜 강력한 타격을 주고 형단조하는 데 사용한다. 또한 램이 가벼워도 타격 에너지가 큰 장점이 있다.

48 캠의 압력각을 줄이는 방법으로 옳지 <u>못한</u> 것은?

① 기초원의 직경을 증가시킨다.
② 종동절의 전체 상승량을 줄이고 변위량을 변화시킨다.
③ 종동절의 변위에 대해 캠의 회전량을 감소시킨다.
④ 종동절의 운동 형태를 변화시킨다.

49 초소성 성형의 특징으로 옳지 <u>못한</u> 것은?

① 복잡한 제품을 일체형으로 성형할 수 있어서 2차 가공이 거의 필요 없다.
② 다른 소성 가공 공구보다 높은 강도의 공구를 사용하므로 공구 비용이 많이 든다.
③ 높은 변형률 속도로는 성형이 불가능하다.
④ 성형 제품에 잔류 응력이 거의 없다.

50 다음 중 큰 감속비를 얻는 데 가장 적합한 것은?

① 웜기어
② 베벨 기어
③ 스퍼 기어
④ 피니언과 래크

회 실전 모의고사 **정답 및 해설**

01	②	02	④	03	③	04	①	05	④	06	④	07	④	08	③	09	③	10	③
11	④	12	③	13	②	14	②	15	①	16	④	17	④	18	④	19	②	20	②
21	③	22	①	23	③	24	③	25	②	26	①	27	④	28	③	29	④	30	③
31	①	32	②	33	②	34	③	35	④	36	①	37	①	38	①	39	②	40	④
41	②	42	④	43	③	44	②	45	③	46	②	47	②	48	③	49	②	50	①

01
정답 ②

[점도계의 종류]
- **스토크스의 법칙**: 낙구식 점도계(Brookfield falling ball viscometer)
- **하겐–푸아즈의 법칙**: 오스트왈드 점도계, 세이볼트 점도계
- **뉴턴의 점성 법칙**: 맥마이첼 점도계, 스토머 점도계

02
정답 ④

[유압 작동유의 점도가 너무 높은 경우]
- 동력 손실 증가로 기계 효율의 저하, 소음이나 공동 현상의 발생
- 내부 마찰 증대에 의한 온도 상승, 유동 저항의 증가로 인한 압력 손실의 증대
- 유압기기 작동이 활발하지 않음.

[유압 작동유의 점도가 너무 낮은 경우]
- 기기 마모의 증대, 압력 유지 곤란
- 내부 오일 누설의 증대, 유압모터 및 펌프 등의 용적 효율 저하

03
정답 ③

$Q = KA\dfrac{dT}{dx}$ (단, dT: 온도차, dx: 두께차)

➡ $Q = KA\dfrac{dT}{dx} \rightarrow 100 = 10 \times A \times \dfrac{10}{0.25} \rightarrow A = 0.25$

동일한 열전달 면적에서 온도 차이 3배, 열전도율 6배, 벽의 두께 3배이므로

➡ $Q = KA\dfrac{dT}{dx} \rightarrow Q = 60 \times 0.25 \times \dfrac{30}{0.75} \rightarrow Q = 600\,[\text{W}]$

04

정답 ①

- 저위 발열량: 연소 가스 중 수분(H_2O)이 증기 형태로 존재하는 경우
- 고위 발열량: 연소 가스 중 수분(H_2O)이 물의 형태로 존재하는 경우

05

정답 ④

$F(무게) = ma \rightarrow 1\,[\text{kg}] \times 9.81\,[\text{m/s}^2] = 9.81\,[\text{N}] = 1\,[\text{kgf}]$

06

정답 ④

- 회전 센터는 주축에 삽입한다.
- 정지 센터는 심압대에 삽입하여 가장 정밀한 작업에 사용된다.
- 베어링 센터는 대형 공작물, 고속 절삭에 사용되고, 센터 끝이 공작물과 같이 회전
- 파이프 센터는 구멍이 큰 일감 작업에 사용한다.
- 하프 센터는 끝면 깎기에 사용한다.

07

정답 ④

내면 연삭기는 숫돌이 중공 일감 내부에서 회전하기 때문에 상대적으로 큰 일감이 회전하는 만큼, 작은 숫돌은 더 많이 돌아야 하므로 숫돌의 회전수가 커야 되며, 이에 따라 마모가 심하다.

08

정답 ③

- **트롬멜**: 원 그리기 공구
- **센터 게이지**: 바이트의 각도 측정에 사용되는 측정 기기
- **나이프 엣지**: 다듬질면 상태의 평면 검사에 사용하는 공구
- **하이트 게이지**: 높이 측정 및 금긋기에 사용하며, 종류는 HT, HB, HM형이 있다.

09

정답 ③

[블록 게이지 등급]
- AA형(00급): 연구소, 참조용으로 표준용 블록 게이지의 점검, 정밀 학술 연구용으로 주로 사용된다.
- A형(0급): 일반용, 표준용인 고정밀 블록 게이지로써 숙련된 검사원에 의해 관리되는 환경 내에서 사용한다.
- B형(1급): 검사용으로 플러그 및 스냅 게이지의 정도를 검증하며 전자 측정 장치를 설정하는 용도로 사용된다.
- C형(2급): 공작용으로 공구의 설치 및 측정기류의 정도를 조정하기 위한 용도로 사용된다.

10

정답 ③

NC 공작기계는 공구 수를 줄일 수 있는 장점이 있다. 그리고 공구가 표준화되면 공구 수를 감소시켜 가공 준비 및 가공시킨 동안의 효율성을 보다 증대시킬 수 있다.

11

정답 ④

- 스카핑: 강괴나 강편, 강재 표면의 홈이나 개재물, 탈탄층, 등을 제거하기 위해 사용
- 아크 에어 가우징: 용융된 금속에 탄소봉과 평행으로 분출하는 압축 공기를 전극 홀더의 끝부분에 위치한 구멍을 통해 연속해서 불어내어 홈을 파내는 방법으로, 홈 가공이나 구멍 뚫기, 절단 작업에 사용

12

정답 ③

- 클램프: 일감을 꽉 고정시켜 주는 부품
- 래칫 스톱: 마이크로미터에서 측정압을 일정하게 유지시켜 주는 부품
- 하프 너트: 리드 스크류에 자동 이송을 연결시켜 나사깎기 작업을 할 수 있게 한다. (스플릿 너트)
- 다이얼 체이싱: 나사 절삭 시 2번째 이후의 절삭 시기를 알려주는 부품

13

정답 ②

- 트루잉: 나사와 기어의 연삭은 정확한 숫돌 모양이 필요하므로 숫돌의 형상을 수시로 교정해야 하는데, 이 교정 작업을 트루잉이라고 한다.
- 글레이징: 연삭 숫돌의 결합도가 매우 높으면 자생 작용이 일어나지 않아 숫돌의 입자가 탈락하지 않고 마모에 의해 납작하게 무뎌지는 현상을 글레이징이라고 한다.
- 로딩: 결합도가 높은 숫돌에 구리와 같이 연한 금속을 연삭하면 숫돌 입자 사이에 또는 기공에 칩이 끼어 연삭이 불량해지는 현상을 로딩이라고 한다.
- 입자 탈락(shedding): 숫돌 입자가 작은 절삭력에 의해 쉽게 탈락하는 현상을 말한다.
- 드레싱: 로딩, 글레이징 등이 발생하면 연삭이 불량해지므로 드레서라는 공구를 사용하여 연삭 숫돌의 표면을 벗겨 자생 작용을 시킴으로써 새로운 예리한 입자를 표면에 돌출시키는 작업을 말한다.

14

정답 ②

복잡한 형상은 주조법을 통해 만든다.

[소성 가공의 특징]
- 보통 주물에 비해 성형된 치수가 정확하다.
- 결정 조직이 개량되고, 강한 성질을 가진다.
- 대량 생산으로 균일한 품질을 얻을 수 있다.
- 재료의 사용량을 경제적으로 할 수 있으며, 인성이 증가한다.

15

정답 ①

단식 분할법은 일반적으로 직접 분할법으로 할 수 없을 때 활용된다. 분할 크랭크와 분할판을 사용하여 분할하는 방법으로 분할 크랭크를 40회전시키면 주축은 1회전하는 원리로 다음과 같은 관계식이 성립한다.

➡ $n = \dfrac{40}{N}$

여기서 n은 분할 크랭크의 회전수, N은 일감의 등분 분할수

➡ $n = \dfrac{40}{13} = \dfrac{120}{9}$ (분할판의 구멍 수로 맞추어야 하므로)

∴ 구멍 수 = 39

16

정답 ④

임계점 이상의 압력을 초임계압이라고 하며, 그 압력 이상이 되면 액체는 증발 과정을 거치지 않고 바로 과열 증기가 된다. 따라서 임계점에서는 증발 과정을 거치지 않아 증발 잠열은 0이 된다. (T−S)선도를 참고하면 임계점에 가까워질수록 증발 잠열 면적이 점점 줄어들어 점으로 표시되어 증발 잠열은 0이다.

참고 ┄┄

임계점의 온도는 374.15 [℃]이며, 임계점의 압력은 224.15 [kgf/cm²]

17

정답 ④

[역화의 원인]
- 아세틸렌의 공급량이 적을 때
- 팁이 너무 과열했을 때
- 밀폐 구역에서 작업할 때
- 팁 구멍에 불순물이 끼었을 때
- 토치가 불량일 때

18

정답 ④

직렬이므로 $\dfrac{1}{K_e} = \dfrac{1}{K_1} + \dfrac{1}{K_2} = \dfrac{K_1 + K_2}{K_1 K_2}$ ➡ $K_e = \dfrac{K_1 K_2}{K_1 + K_2}$ 를 적용한다.

➡ $\dfrac{1}{K_e} = \dfrac{1}{K_1} + \dfrac{1}{K_2} = \dfrac{K_1 + K_2}{K_1 K_2}$ ➡ $K_e = \dfrac{K_1 K_2}{K_1 + K_2} = \dfrac{(2K)(2K)}{(2K) + (2K)} = \dfrac{4K^2}{4K} = K$

[등가 스프링 상수]
- 직렬: $\dfrac{1}{K_e} = \dfrac{1}{K_1} + \dfrac{1}{K_2} = \dfrac{K_1 + K_2}{K_1 K_2}$ ➡ $K_e = \dfrac{K_1 K_2}{K_1 + K_2}$
- 병렬: $K_e = K_1 + K_2$

19

정답 ②

베어링 기호 4자리 중 뒤의 2자리를 이용하면 안지름이 70 [mm]인 것은 6314이다.
(145 [mm]＝70 [mm])

다만, 베어링 N605는 안지름 번호 일의 자리이다. 따라서 0~9는 그대로 안지름 mm로 해석한다. 즉, 베어링 N605의 안지름은 5 [mm]이다.

20

정답 ②

절삭유는 수용성(물에 섞어 사용)과 비수용성(원액 그대로 사용), 고체 윤활제로 구분된다.

수용성은 냉각 작용이 우수하고, 비수용성은 윤활 작용이 우수하며, 등유, 경유, 기계유 등은 비수용성 절삭유에 속하고, 그리스는 고체 윤활제에 속한다.

[절삭유의 작용]
• 공구의 경도 저하 방지
• 윤활 작용으로 공구의 마모 완화
• 절삭부 세척으로 가공 표면을 매끄럽게 함.
• 공작물을 냉각시켜 정밀도 저하 방지

21

정답 ③

• 나사의 효율: 입력한 일에 대한 출력된 일의 비

➡ 나사의 효율＝$\dfrac{\text{마찰이 없는 경우 회전력}}{\text{마찰이 있는 경우 회전력}}$

22

정답 ①

• 크리프: 연성 재료가 고온에서 정하중을 받을 때 시간에 따라 변형이 증가되는 현상
• 스프링 백: 물체가 외력을 받은 후 제거하면 다시 원래 상태로 돌아가는 현상
• 응력 이완: 물체가 외력을 받아 상태를 유지하고 있더라도 물체의 내부 응력이 시간에 따라 감소하는 현상
• 탄성 여효: 외부에 장시간 방치하면 자연스럽게 시간에 따라 잔류 응력이 감소하는 현상

23

정답 ③

[액면 상승 높이]

관의 경우 $\dfrac{4\sigma \cos \beta}{\gamma d}$ (σ: 표면 장력, β: 접촉각)이다.

액면 상승 높이는 직경에 반비례함을 알 수 있다.

즉, $\dfrac{1}{4} : \dfrac{1}{8} : \dfrac{1}{16} = 4 : 2 : 1$임을 알 수 있다.

[액면 상승 높이]

- 관의 경우: $\dfrac{4\sigma \cos \beta}{\gamma d}$ (σ: 표면 장력, β: 접촉각)

- 평판일 경우: $\dfrac{2\sigma \cos \beta}{\gamma d}$ (σ: 표면 장력, β: 접촉각)

24

정답 ③

$$Pv = mRT \rightarrow m = \frac{P_1 V}{RT_1} = \frac{9000 \times 0.2}{0.5 \times 400} = 9\,[kg]$$

정적 과정이므로, $T_2 = \dfrac{P_2}{P_1}T_1 = \dfrac{3000}{9000} \times 400 = 133.33\,[K]$

$$\Delta S = mC_v \ln\left(\frac{T_2}{T_1}\right) = 9 \times 0.8 \times \ln\frac{133.33}{400} = 9 \times 0.8 \times (-1.1) = -7.92$$

25

정답 ②

i(속도비)$= \dfrac{N_2}{N_1} = \dfrac{D_1}{D_2}$, C(축간 거리=두 축의 중심 거리)$= \dfrac{D_1 + D_2}{2}$

➡ C(축간 거리=두 축의 중심 거리)$= \dfrac{D_1 + D_2}{2} \rightarrow 300 = \dfrac{D_1 + D_2}{2} \rightarrow D_1 + D_2 = 600$

➡ i(속도비)$= \dfrac{N_2}{N_1} = \dfrac{D_1}{D_2} \rightarrow \dfrac{1}{2} = \dfrac{D_1}{D_2} \rightarrow D_2 = 2D_1$

➡ 두 식을 연립하면, $3D_1 = 600 \rightarrow D_1 = 200\,[mm]$, $D_2 = 400\,[mm]$

26

정답 ①

- L-렌치: 세트 나사를 풀고 잠글 때
- 링 스패너: 너트를 세게 조일 때, 사용 중에 자주 돌릴 때, 파이프 등으로 암을 길게 하여 조일 때, 스패너의 한쪽을 망치로 두들겨서 조일 때
- 갈고리 스패너: 둥근 너트를 돌릴 때
- 박스 스패너: 파이프 등으로 암을 길게 하여 조일 때

27

정답 ④

- 고주파 경화법: 재료의 원래 성질을 유지하면서 내마멸성을 증가시키는 데 적합한 열처리
- 고주파 유도 전류로 강(Steel)의 표면층을 급속 가열한 후 급랭시키는 방법으로 가열 시간이 짧고, 피가열물에 대한 영향을 최소로 억제하며 표면을 경화시키는 표면 경화법

28

[반데르 발스 결합]
원자의 결합 형태 중에서 가장 결합력이 작은 결합

29

$$Q = AV = \frac{1}{4}\pi d^2 V \rightarrow \frac{1}{4}\pi(4^2)(8) \rightarrow \frac{1}{4}\pi(16)(8) \rightarrow 32\pi \,[\mathrm{m^3/s}]$$

30

Time, Temperature, Transformation diagram의 약자로, 온도−시간−변태 곡선이라고 한다.
세로축에는 온도, 가로축에는 시간(대수 눈금)을 취해 과냉 오스테나이트의 조직 변태를 나타낸 곡선으로,
등온 변태 곡선＝S곡선＝TTT 곡선이다.

31

• **사하중＝정하중**: 크기와 방향이 일정한 하중

[동하중(활하중) 종류]
• **연행 하중**: 일련의 하중(등분포 하중), 기차 레일이 받는 하중
• **반복 하중(편진 하중)**: 반복적으로 작용하는 하중
• **교번 하중(양진 하중)**: 하중의 크기와 방향(인장＋, 압축− 반복)이 계속 바뀌는 하중(가장 위험한 하중)
• **이동 하중**: 하중의 작용점이 자꾸 바뀐다.(움직이는 자동차)
• **충격 하중**: 비교적 짧은 시간에 갑자기 작용하는 하중
• **변동 하중**: 주기와 진폭이 바뀌는 하중

32

[설퍼프린트법]
철강 중 황의 분포 상태를 검사하는 방법으로, 유황이 많이 모이는 곳에 브로마이드 용지를 접촉시키면 브
로마이드 용지는 검은색으로 변한다.

33

$N = 600\,[\mathrm{rpm}]$, $D_m = 400\,[\mathrm{mm}]$, $P = 2{,}000\,[\mathrm{kg}]$, $\mu = 0.4$일 때
$$T = \mu P \frac{D_m}{2} = 0.4 \times 2{,}000 \times \frac{400}{2} = 160{,}000\,[\mathrm{kgf \cdot mm}] = 1{,}568{,}000\,[\mathrm{N \cdot mm}]$$

$[1\,[\text{kgf}]=9.8\,[\text{N}]]$

$$T=7023500\frac{H\,[\text{PS}]}{N}\,[\text{N}\cdot\text{mm}]$$

➡ $H\,[\text{PS}]=\dfrac{TN}{7023500}$

➡ $H\,[\text{PS}]=\dfrac{1{,}568{,}000\times600}{7023500}=133.93\,[\text{PS}]$

> **참고**
>
> $$T=9549000\frac{H\,[\text{kW}]}{N}\,[\text{N}\cdot\text{mm}]\rightarrow H\,[\text{kW}]=\frac{TN}{9549000}$$

34
정답 ③

[M20×2]
- M=나사의 종류: 미터 보통 나사
- 20=나사의 호칭 지름 (바깥지름): 20 [mm]
- 2=피치의 크기: 2 [mm]
- 미터 보통 나사는 M10으로 표현한다.
- 미터 가는 나사는 M10×2로 표현한다.

35
정답 ④

- **가연성 가스**: 산소 또는 공기와 혼합하여 점화하면 빛과 열을 발해 연소하는 가스
- **가연성 가스의 종류**: 수소, 메탄, 프로판, 에탄, 아세틸렌 등

> **✎ 암기**
>
> (가연)(아)~~ (스)(프)먹자!

- **조연성 가스**: 자신은 연소하지 않고 연소를 도와주는 가스로, 지연성 가스라고도 함.
- **조연성 가스의 종류**: 산소, 공기, 염소, 이산화질소 등

- **불연성 가스**: 연소하지 않는 가스
- **불연성 가스의 종류**: 질소, 이산화탄소

36
정답 ①

차축은 일반적으로 굽힘 모멘트를 받으며 동력을 전달하지 않는 축이다. 또한, 용도는 자동차의 차축이나 전동차 등에 사용한다.

37

정답 ①

- 안지름은 암나사에서 최소 지름이다.
- 유효 지름은 바깥 지름과 골지름의 합을 2로 나눈 지름이다.
- 바깥 지름은 수나사 축에 직각으로 잰 최대 지름이다.

38

정답 ①

$Q=Cm\Delta T$
➡ $20=0.5\times4\times(T-303\,[\text{K}])$
➡ $T=313\,[\text{K}]=40\,[\text{℃}]$

39

정답 ②

[무단 변속 마찰차의 종류]
에반스 마찰차, 구면 마찰차, 원추 마찰차, 원판 마찰차(크라운 마찰차)

🔖 암기 ···
[에][구]~~[빤][주] 보인다. 빤=원판, 주=원추

40

정답 ④

- 조미니 시험: 강의 담금질성, 경화능을 시험하는 가장 보편적인 방법

41

정답 ②

[전해 연삭]
전해 연삭은 전해 가공과 일반 연삭 가공을 조합한 가공법으로, 연삭 입자로 된 연삭 숫돌이 회전하는 음극이다. 공작물의 경도가 매우 높아 숫돌의 마모가 매우 심할 때 기존의 연삭 방식에 비해 월등한 장점을 보여주며, 소재 제거가 전해 작용에 의해 일어나므로 연삭 저항에 의한 변형이나 숫돌의 마모가 매우 작다.

[전해 연삭의 특징]
- 경도가 큰 재료일수록 연삭 능률은 기계 연삭보다 높다. 그 이유는 일감의 경도가 높으면 높을수록 기계 연삭은 연삭이 잘 되지 않지만, 전해 연삭은 전해 작용으로 미소량을 연삭하는 방법이므로 일감의 경도에 큰 영향을 받지 않기 때문이다.
- 다듬질면은 광택이 나지 않는다.
- 필요로 하는 다양한 전류를 얻기 힘들다.
- 연삭 저항이 작으므로 연삭열 발생이 적으며, 숫돌의 수명이 길다.

42

정답 ④

[구름 베어링 정격 하중]
- 구름 베어링이 견딜 수 있는 최대 하중
- 동정격 하중: 33.3 [rpm]으로 500시간 사용할 수 있는 하중
- 정정격 하중: 구름 베어링 내의 최대 응력을 받고 있는 접촉부에 있어서 전동체의 영구 변형량과 궤도륜의 영구 변형량과의 합이 전동체 지름의 0.0001배가 될 때의 정격 하중

43

정답 ③

[공작기계의 기본 운동]
절삭 운동, 이송 운동, 위치 조정 운동

44

정답 ②

[바로걸기(오픈걸기)의 벨트의 길이] (공식 자체를 물어보는 문제가 나올 수 있다. 꼭 암기!)

$$L = \frac{\pi}{2}(D_1 + D_2) + 2C + \frac{(D_1 - D_2)^2}{4C}$$

$$= \frac{\pi}{2}(400 + 200) + 2(3,000) + \frac{(400 - 200)^2}{4 \times 3,000} = 6,945.33 \, [\text{mm}]$$

(단, D_1=원동 풀리, D_2=종동 풀리)

[엇걸기의 벨트의 길이]

$$L = \frac{\pi}{2}(D_1 + D_2) + 2C + \frac{(D_1 - D_2)^2}{4C}$$

45

정답 ③

심공은 일반적으로 구멍의 길이가 내경보다 5배 이상 되는 것을 말한다.

46

정답 ②

마이크로미터에 사용하는 나사는 삼각나사이며, 그 리드는 0.5 [mm]이다.

47

정답 ②

단동식은 해머를 상승시킬 때 증기가 작용하며, 복동식은 해머가 낙하할 때도 작용합니다.

[이 외의 해머]
- 보드 해머: 딱딱한 나무 보드의 아래 쪽에 붙어서 회전하는 2개의 거친 표면의 롤 사이에 물려 상승된 후, 떨어지는 힘으로 단조를 한다.

48

정답 ③

종동절의 변위에 대해 캠의 회전량을 증가시킨다.
캠은 종동절의 요구되는 운동을 직접 접촉에 의해 전달하는 기계 요소이며, 회전 운동 → 직선 운동으로 바꿔주는 기구이다.

49

정답 ②

[초소성]
금속이 유리질처럼 늘어나는 특수 현상을 말한다. 따라서 약간의 외력만 주어도 재료가 잘 늘어나기 때문에 재료가 끊어지는 것을 방지하기 위해 높은 변형률 속도로 성형이 불가능하다. 그리고 약간의 외력만 작용해도 성형이 가능하므로 낮은 강도의 공구를 사용해도 되며, 이에 따라 공구 비용이 절감된다.

[초소성 합금 종류]
- Bi 합금: 연신율 1500 [%]
- Co 합금: 연신율 850 [%]
- Ag 합금: 연신율 500 [%]
- Cd 합금: 연신율 350 [%]

50

정답 ①

웜기어의 여러 가지 특징 중에서 가장 큰 목적은 큰 감속비를 얻기 위함이다.

[웜기어의 특징]
- 작은 용량으로 큰 감속비를 얻을 수 있으며, 소음 및 진동이 없다.
- 부하 용량이 크다.
- 다른 평기어에 비해 효율이 그다지 좋지 못하다.
- 진입각이 클수록 효율이 좋으며, 비틀림각이 작으면 역전을 방지할 수 있다.
- 교환성이 없으며, 웜과 웜휠에 추력이 발생한다.
- 웜휠은 연삭할 수 없고, 웜휠을 공작하려면 특수 공구가 필요하다.
- 웜은 웜휠보다 마모에 강한 재질을 사용하며, 보통 웜은 침탄강을, 웜휠은 인청동을 사용한다.

참고
내접 기어는 회전 방향이 같고, 감속비가 크다. 키포인트 단어는 '회전 방향이 같다.'이다. 따라서 회전 방향이 같고 감속비가 큰 기어는 내접 기어이다.

Memo

5회 실전 모의고사

1문제당 2점 / 점수 [   ]점

···▶ 정답 및 해설: p.98

01 용접부에서 용융점 이하의 온도이지만 금속의 미세 조직 변화가 일어나는 부분은?

① 변질부   ② 원질부

③ 용착 금속부   ④ 융합부

02 밀폐계에서 기체의 압력이 $300\,[\text{kPa}]$로 일정하게 유지되면서 체적이 $0.3\,[\text{m}^3]$에서 $0.6\,[\text{m}^3]$으로 팽창했다면 계가 한 일은 몇 $[\text{kJ}]$ 인가? (단, 과정 동안 내부 에너지 증가는 $100\,[\text{kJ}]$이다.)

① $90\,[\text{kJ}]$ ② $190\,[\text{kJ}]$

③ $260\,[\text{kJ}]$ ④ $300\,[\text{kJ}]$

03 반지름 $20\,[\text{cm}]$인 단면에 $4,000\,[\text{kgf}]$의 힘이 작용할 때 발생하는 응력은?

① $3.185\,[\text{kgf/cm}^2]$ ② $12.74\,[\text{kgf/cm}^2]$

③ $50.95\,[\text{kgf/cm}^2]$ ④ $210.45\,[\text{kgf/cm}^2]$

04 일과 열에 대한 설명으로 옳지 <u>못한</u> 것은?

① 일과 열은 경로 함수이다.

② 일과 열은 전달되는 에너지이며, 열역학적 상태량이다.

③ 일의 단위는 J [Joule]이다.

④ 일의 크기는 힘과 그 힘이 작용하여 이동한 거리를 곱한 값으로 정의된다.

05 응력－변형률 선도에서 가장 큰 값을 가지는 것은?

① 상항복점   ② 비례 한도

③ 하항복점   ④ 극한 강도

06 다음 중 나사와 나사산의 각도가 바르게 연결되지 <u>않은</u> 것은?

① 톱니 나사－29°   ② 관용 나사－55°

③ 미터 나사－60°   ④ 미터계 사다리꼴 나사－30°

07 수평 원관 내에서 유체가 완전 발달된 층류 유동을 한다면 이때의 유량은?

① 관 안지름의 4승에 반비례한다.　　② 관의 길이에 비례한다.
③ 점성 계수에 반비례한다.　　　　　④ 압력 강하에 반비례한다.

08 피치가 3 [mm]인 3줄 나사를 1회전시켰을 때 축 방향으로 이동한 거리는?

① 4 [mm]　　　　　　　　　　　② 6 [mm]
③ 9 [mm]　　　　　　　　　　　④ 12 [mm]

09 S-N 곡선에서 S는 응력을 뜻한다. 그렇다면 N은 무엇을 뜻하는가?

① 피로 수명　　　　　　　　　　② 인장 강도
③ 반복 횟수　　　　　　　　　　④ 반복 하중

10 고속도강을 뜨임하는 이유를 설명한 것 중에서 옳지 <u>않은</u> 것은?

① 담금질에 의한 내부 변형을 제거하기 위하여
② 오스테나이트 중 고용한 탄화물을 미세하게 석출시키기 위하여
③ 잔류 오스테나이트를 마텐자이트로 변화시키기 위하여
④ 오스테나이트를 안정시키기 위하여

11 유압기기의 작동유가 구비해야 할 성질로 적절하지 <u>않은</u> 것은?

① 비열이 높을 것　　　　　　　　② 체적 탄성 계수가 작을 것
③ 비중이 작을 것　　　　　　　　④ 인화점, 발화점이 높을 것

12 공동 현상 방지법으로 옳지 <u>못한</u> 것은?

① 펌프의 회전수를 낮추고 펌프의 설치 위치를 낮게 한다.
② 스톱 밸브의 사용을 지양하고, 슬루스 밸브를 사용한다.
③ 양흡입 펌프 및 입축 펌프를 사용한다.
④ 회전차를 수중 밖으로 일부를 노출시켜 마찰 저항을 줄인다.

13 용도별 탄소강 분류 시 KS 재료 기호 중 용접 구조용 압연 강재는 무엇인가?

① SBV　　　　　　　　　　　　② SWS
③ SBB　　　　　　　　　　　　④ SF

14 금속 조직 중 순철에 6.67 [%]의 탄소(C)가 합금된 조직으로, 경도가 매우 크고 취성도 큰 것은?

① 페라이트   ② 펄라이트
③ 시멘타이트   ④ 마텐자이트

15 중심선, 기준선, 피치선을 그리는 데 사용하는 선은 무엇인가?

① 가는 2점 쇄선   ② 가는 1점 쇄선
③ 굵은 실선   ④ 가는 실선

16 고정된 축에 대해 원판이 회전 운동을 하고 있다. 이에 대한 설명으로 옳은 것은?

① 선속도는 중심에 가까울수록 크다.
② 각속도는 중심에서 멀어질수록 크다.
③ 선속도는 중심에서 멀어질수록 크다.
④ 각속도는 중심에 가까울수록 크다.

17 판의 두께 10 [mm], 리벳의 지름 20 [mm], 피치 100 [mm]인 1줄 겹치기 리벳 이음을 하고자 한다. 한 피치당 13 [kN]의 하중이 작용할 때 생기는 인장 응력과 리벳 이음의 판의 효율은 각각 얼마인가?

① 32.5 [MPa], 20 [%]   ② 32.5 [MPa], 80 [%]
③ 16.25 [MPa], 20 [%]   ④ 16.25 [MPa], 80 [%]

18 축의 지름이 2배가 되면 비틀림각은 몇 배가 되는가?

① $\frac{1}{2}$배   ② $\frac{1}{4}$배
③ $\frac{1}{8}$배   ④ $\frac{1}{16}$배

19 다이아몬드와 유사한 결정 구조로 초고온 고압 상태에서 소결한 공구 재료는?

① 스테인리스강   ② 초경합금
③ 세라믹   ④ CBN

20 재료의 결정립을 미세하게 만들며 조직의 표준 상태를 얻는 열처리는?

① 소준   ② 소려
③ 퀜칭   ④ 소둔

21 조파 현상, 강의 모형 실험, 수차, 선박의 파고 저항, 수력 도약 등 자유 표면을 갖는 모형 실험에서 매우 중요한 무차원 수는?

① 웨버 수　　　　　　　　　② 프루드 수
③ 마하 수　　　　　　　　　④ 레이놀즈 수

22 선반 가공에서 절삭 속도를 빠르게 하는 고속 절삭의 가공 특성에 대한 내용으로 옳지 <u>않은</u> 것은?

① 절삭 능률 증대　　　　　　② 구성 인선 증대
③ 표면 거칠기 향상　　　　　④ 가공 변질층 감소

23 선반 작업에서 주철과 같이 취성이 큰 일감을 저속으로 절삭할 때, 가공면에 깊은 홈을 만들어 일감의 표면이 불량하게 되는 칩은?

① 균열형 칩　　　　　　　　② 열단형 칩
③ 유동형 칩　　　　　　　　④ 전단형 칩

24 다음에서 설명하고 있는 주조법은 무엇인가?

- 영구 주형을 사용한다.
- 비철 금속의 주조에 적용한다.
- 고온 체임버식과 저온 체임버식으로 나뉜다.
- 용융 금속이 응고될 때까지 압력을 가한다.

① Die Casting　　　　　　② Centrifugal Casting
③ Sqeeze Casting　　　　　④ Investment Casting

25 인성에 대한 설명으로 옳은 것은?

① 외력에 대한 저항력을 말한다.
② 가느다란 선으로 늘릴 수 있는 성질을 말한다.
③ 충격에 대한 저항 성질을 말한다.
④ 국부 소성 변형 저항성을 말한다.

26 주철의 특성으로 옳지 <u>못한</u> 것은?

① 압축 강도가 크고 액상일 때 유동성이 좋다.
② 절삭성이 우수하다.
③ 복잡한 형상을 주조하기 용이하다.
④ 가공이 어렵고, 담금질과 뜨임이 가능하다.

27 만유 인력의 크기를 구하는 공식은?

① $F = G\dfrac{Mm}{r}$ (단, G: 만유 인력 상수, M: 물체 1의 질량, m: 물체 2의 질량)

② $F = G\dfrac{Mm}{r^2}$ (단, G: 만유 인력 상수, M: 물체 1의 질량, m: 물체 2의 질량)

③ $F = G\dfrac{M^2 m^2}{r^2}$ (단, G: 만유 인력 상수, M: 물체 1의 질량, m: 물체 2의 질량)

④ $F = G^2\dfrac{Mm}{r^2}$ (단, G: 만유 인력 상수, M: 물체 1의 질량, m: 물체 2의 질량)

28 다음 중 절삭 공구의 구비 조건에 해당되지 <u>않는</u> 것은?

① 강인성이 클 것
② 마찰 계수가 클 것
③ 내마모성이 높을 것
④ 고온에서 경도가 저하되지 않을 것

29 여러 공정에 대한 설명으로 옳지 <u>않은</u> 것은?

① 호닝은 내연 기관 실린더 내면의 다듬질 공정에 많이 사용한다.
② 래핑은 공작물과 래핑 공구 사이에 존재하는 작은 연마 입자들이 섞여 있는 용액을 사용한다.
③ 전해 연마는 전해액을 이용하여 전기 화학적 방법으로 공작물을 연삭하는 데 사용된다.
④ 폴리싱은 천, 가죽, 펠트 등으로 만들어진 폴리싱 휠을 사용하며, 버핑 가공 후 실시한다.

30 동일 재료로 만든 길이 L, 지름 D인 축 A와 길이 $4L$, 지름 $4D$인 축 B를 동일한 각도만큼 비틀어버린다. 이 과정에서 필요한 비틀림 모멘트의 비 $\dfrac{T_A}{T_B}$는?

① $\dfrac{1}{4}$
② $\dfrac{1}{16}$
③ $\dfrac{1}{32}$
④ $\dfrac{1}{64}$

31 원판 클러치를 밀어 붙이는 힘 $P = 100\,[\text{kg}]$, 평균 반지름 $R_m = 60\,[\text{mm}]$, 마찰 계수 $\mu = 0.2$일 때 전달 토크는?

① $1,200\,[\text{kg} \cdot \text{mm}]$
② $1,300\,[\text{kg} \cdot \text{mm}]$
③ $1,400\,[\text{kg} \cdot \text{mm}]$
④ $1,500\,[\text{kg} \cdot \text{mm}]$

32 외팔보의 끝단에 집중 하중 P가 작용하는 경우의 최대 처짐을 A, 단순보의 중앙부에 집중 하중 P가 작용하는 경우의 최대 처짐을 B라고 한다면 A/B는 얼마인가? (단, 나머지 조건은 모두 동일하다.)

① $\dfrac{1}{16}$
② 64
③ $\dfrac{1}{64}$
④ 16

33 압입체를 사용하지 않고 물체의 반발력을 이용하여 경도를 측정하는 것으로, 완성품의 경도 시험에 적합한 것은?

① 브리넬 경도
② 로크웰 경도
③ 쇼어 경도
④ 비커스 경도

34 구름 베어링의 안지름이 8 [mm]인 베어링의 호칭 번호는?

① 608
② 6008
③ 60/18
④ 6080

35 탄소강에 함유된 5대 원소를 올바르게 나열한 것은?

① C, Si, Mn, Ni, P
② C, S, Mn, Si, P
③ C, Si, Mo, P, Mn
④ C ,Cu, Si, Mn, P

36 열역학 개념에 대한 설명으로 옳지 <u>못한</u> 것은?

① 열역학은 열과 동력의 합성어이다.
② 비가역 과정에서 계와 주변의 각각의 엔트로피는 항상 증가한다.
③ 에너지는 여러 가지 형태를 가질 수 있지만 에너지의 총 값은 일정하다.
④ 엔트로피는 열역학적으로 일로 변환할 수 없는 에너지의 흐름을 설명할 때 사용되는 상태 함수이다.

37 NC 프로그램에서 보조 기능인 M 코드로 작동되는 기능은?

| ㉠ 공구 반경 보정 | ㉡ 주축 정지 |
| ㉢ 절삭유 공급 | ㉣ 원호 보간 |

① ㉠, ㉡
② ㉠, ㉢
③ ㉡, ㉢
④ ㉢, ㉣

38 소성 가공의 종류 중 압출 가공에 대한 설명으로 옳은 것은?

① 소재를 용기에 넣고 높은 압력을 가하여 다이 구멍으로 통과시켜 형상을 만드는 가공법
② 소재를 일정 온도 이상으로 가열하고, 해머 등으로 타격하여 모양이나 크기를 만드는 가공법
③ 원뿔형 다이 구멍으로 통과시킨 소재의 선단을 끌어당기는 방법으로 형상을 만드는 가공법
④ 회전하는 한 쌍의 롤 사이로 소재를 통과시켜 두께와 단면적을 감소시키고 길이 방향으로 늘리는 가공법

39 피스톤의 면적이 $0.8\,[\mathrm{m}^2]$인 엔진 실린더 내에 $6\,[\mathrm{MPa}]$의 압력으로 기체가 채워져 있다. 이 기체가 $\mathrm{P-V}$ 선도에서 굵은 직선을 따라 팽창하여 P_2 압력이 $2\,[\mathrm{MPa}]$이 되었다. 이 과정에서 기체가 피스톤에 행한 일은 몇 $[\mathrm{kJ}]$인가? (단, 피스톤의 이동 거리는 $2\,[\mathrm{m}]$이다.)

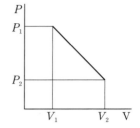

① $6.4\,[\mathrm{kJ}]$ ② $6400\,[\mathrm{kJ}]$

③ $12800\,[\mathrm{kJ}]$ ④ $12.8\,[\mathrm{kJ}]$

40 상향 절삭과 하향 절삭을 비교한 설명으로 옳지 <u>못한</u> 것은?

① 상향 절삭은 밀링 커터의 날이 공작물을 들어 올리는 방향으로 작용하므로 기계에 무리를 주지 않는다.
② 상향 절삭은 절삭을 시작할 때 날에 가해지는 절삭 저항이 점차 작아지므로 날이 부러질 염려가 없다.
③ 하향 절삭은 커터의 절삭 방향과 이송 방향이 같으므로 날 하나마다의 날자리 간격이 짧고 가공면이 깨끗하다.
④ 하향 절삭은 절삭을 시작할 때 절삭 저항이 가장 크므로 날이 부러지기 쉽다.

41 강관의 접합 방법으로 옳지 <u>못한</u> 것은?

① 플랜지 접합   ② 소켓 접합
③ 용접 접합   ④ 나사접합

42 다음 중 용접 에너지에 따른 분류로 옳지 <u>않은</u> 것은?

① 전기 에너지 – 아크 용접   ② 기계적 에너지 – 초음파 용접
③ 화학 반응 에너지 – 폭발 용접   ④ 빔 에너지 – 레이저 용접

43 인벌류트 곡선에 대한 설명으로 옳지 <u>않은</u> 것은?

① 피치점이 완전히 일치되지 않으면 물림이 잘 되지 않는다.
② 호환성이 우수하며, 치형의 가공이 비교적 용이하다.
③ 미끄럼이 많아 소음과 마멸이 크다.
④ 압력각이 일정하며, 물림에서 축간 거리가 다소 변해도 속비에 영향이 없다.

44 너트의 풀림 방지법으로 옳지 <u>않은</u> 것은?

① 로크 너트 이용   ② 분할핀 이용
③ 플라스틱 플러그 이용   ④ 자동 죔너트 이용

45 V벨트에 대한 설명으로 옳지 <u>못한</u> 것은 무엇인가?

① V벨트는 수명을 고려하여 10~18 [m/s]의 속도로 운전한다.
② V벨트의 종류에는 M, A, B, C, D, E의 6가지가 있다.
③ 규격 E형은 단면 치수와 인장 강도가 가장 크다.
④ V벨트 전동에서 회전 방향을 바꿀 때는 엇걸기를 한다.

46 가공물의 길이가 400 [mm]인 연강 재료를 절삭 속도 50 [m/min]으로 절삭할 때 램의 1분 간 회전 수는? (단, 바이트의 절삭 행정 시간과 1회 왕복하는 시간과의 비 $\alpha = \dfrac{4}{5}$이다.)

① 70 [rpm]
② 80 [rpm]
③ 90 [rpm]
④ 100 [rpm]

47 기어 설계 시 전위 기어를 사용하는 이유로 옳지 <u>못한</u> 것은?

① 두 기어 사이의 중심 거리를 자유롭게 조절하기 위해 사용한다.
② 언더컷을 방지하기 위해 사용한다.
③ 베어링에 작용하는 압력을 줄이고자 하는 경우에 사용한다.
④ 이의 강도를 개선하려고 할 경우에 사용한다.

48 유체의 정의로 옳은 것은?

① 전단력을 받았을 때 저항하지 못하고 불연속적으로 변형하는 물질이다.
② 전단력을 받았을 때 저항하지 못하고 연속적으로 변형하는 물질이다.
③ 전단력을 받았을 때 저항하며 연속적으로 변형하는 물질이다.
④ 전단력을 받았을 때 저항하며 불연속적으로 변형하는 물질이다.

49 선반의 주축에 제품과 같은 형상의 다이를 장착하고 심압대로 소재를 다이와 밀착시킨 후 함께 회전시키면서 강체 공구나 롤러로 소재의 외부를 강하게 눌러서 축에 대칭인 원형의 제품을 만드는 성형 가공법은?

① 보링
② 파인블랭킹
③ 스피닝
④ 링깅

50 다음 중 마이크로미터 측정면의 평면도 검사에 가장 적합한 측정기기는?

① 옵티컬 플랫
② 공구 현미경
③ 오토 콜리메이터
④ 투영기

5회 실전 모의고사 정답 및 해설

01	①	02	①	03	①	04	②	05	④	06	①	07	③	08	③	09	③	10	③
11	②	12	④	13	②	14	③	15	②	16	③	17	④	18	④	19	④	20	①
21	②	22	②	23	①	24	①	25	③	26	②	27	②	28	③	29	④	30	③
31	①	32	④	33	③	34	①	35	②	36	②	37	③	38	①	39	②	40	②
41	②	42	③	43	①	44	모두맞음	45	④	46	④	47	③	48	②	49	③	50	①

01
정답 ①

열영향부는 금속의 용융점 이하 온도이지만 미세한 조직 변화가 일어나는 부분이다. 그리고 열 영향부는 변질부와 같은 말이다.

[용접부의 명칭 설명]
- **용착부**: 용접봉과 모재의 일부가 용융하여 응고된 부분을 말하며, 그 부분의 금속을 용접 금속이라고 한다. 또한, 용접 금속 중에서 용접봉이 녹아 응고된 것을 용착 금속이라고 한다.
- **열 영향부**(HAZ, 변질부): 금속의 용융점 이하 온도이지만 미세한 조직 변화가 발생하는 모재의 부분을 말한다.
- **용접부**: 용착부와 열 영향부를 합해 용접부라고 한다.
- **덧붙임**: 용접부의 표면에 치수 이상으로 올라온 용착 금속을 말한다.

02
정답 ①

$$W = \int_1^2 PdV = P(V_2 - V_1) = 300(0.6 - 0.3) = 90 \, [\text{kJ}]$$

03
정답 ①

$$\sigma = \frac{P}{A} = \frac{4P}{\pi d^2} = \frac{4 \times 400}{\pi \times 40^2} = \frac{16000}{\pi \times 1600} = 3.185 \, [\text{kgf/cm}^2]$$

04
정답 ②

- 일과 열은 전달되는 에너지이지 열역학적 상태량이 아니다.
- 일과 열의 단위: J
- 일의 크기는 힘과 그 힘이 작용하여 이동한 거리를 곱한 값으로 정의된다.
- 일과 열량은 경로에 의한 경로 함수, 도정 함수이다.

[상태량의 종류]

① 강도성 상태량
- 물질의 질량에 관계없이 그 크기가 결정되는 상태량
- 압력, 온도, 비체적, 밀도 등이 있다. (압온 비밀)

② 종량성 상태량
- 물질의 질량에 따라 그 크기가 결정되는 상태량 즉, 그 물질의 질량에 정비례 관계가 있다.
- 체적, 내부 에너지, 엔탈피, 엔트로피 등이 있다.

※ 점함수는 완전 미분(전미분) 또는 편미분 모두 가능하다. 다만, 과정 함수는 편미분으로만 가능하다.
※ 기체 상수는 열역학적 상태량이 아니다.
※ 일과 열은 에너지지 열역학적 상태량이 아니다.

05
정답 ④

- **비례 한도**: 응력과 변형률이 선형적으로 비례하는 구간의 최댓값
- **영률(세로 탄성 계수)**: 비례 한도 내에서 후크의 법칙이 성립하기 때문에 그 구간의 기울기
- **극한 강도(인장 강도)**: 응력−변형률 선도에서의 최댓값
- **인성**: 파단될 때까지의 응력−변형률 선도의 총 면적 값
- **상항복점**: 영구 변형도를 일으켜 불안정하게 되는 점
- **하항복점**: 항복점은 주로 하항복점에서의 응력을 말한다.

06
정답 ①

나사의 종류		나사산의 각도
미터 나사		60°
유니파이 나사(ABC 나사)		60°
관용 나사		55°
사다리꼴 나사 (애크미 나사)	미터계	30°
	인치계	29°
둥근 나사 (너클 나사, 원형 나사)		30°
톱니 나사		30°, 45°

07
정답 ③

[Hagen−poiseuille 성립 조건]
- 수평관을 흐르는 유체, 완전 발달 흐름, 뉴턴 유체
- Hagen−poiseuille 식은 층류에만 적용

※ 원관: $Q=\dfrac{\varDelta P\pi d^4}{128\mu l}$ ($\varDelta P=$압력차, $Q=$유량)

※ 평판: $Q=\dfrac{\varDelta Pbh^3}{12\mu l}$ ($\varDelta P=$압력차, $Q=$유량)

➡ 원관이므로 $Q=\dfrac{\varDelta P\pi d^4}{128\mu l}$ 을 적용한다. 식에서 보면 점성 계수에 반비례하는 것을 알 수 있다.

08 　　　　　정답 ③

• 리드: 나사 곡선이 원통을 한 바퀴 돌아 축 방향으로 나아가는 거리
• 리드(l)＝줄 수(n)×피치(p)로 나타낼 수 있다.

➡ 리드(l)＝줄 수(n)×피치(p)＝3×3＝9 [mm]

09 　　　　　정답 ③

S−N 곡선에서 수평 부분의 응력을 내구 한도 또는 피로 한도라고 한다.(S: 응력, N: 반복 횟수)
반복 횟수는 $10^6 \sim 10^7$

10 　　　　　정답 ③

• 고속도강을 뜨임하는 이유: 담금질로 강화 처리 후 내부에 인성을 부여하기 위해

11 　　　　　정답 ②

• 체적 탄성 계수(K): $\dfrac{\varDelta P}{-\dfrac{\varDelta V}{V}}$, ($-$) 부호는 압력이 증가함에 따라 체적이 감소한다는 의미

※ 체적 탄성 계수는 압력에 비례하고, 압력과 같은 차원을 갖는다.
※ 체적 탄성 계수의 역수는 압축률이며, 체적 탄성 계수가 클수록 압축하기 어렵다.

➡ 체적 탄성 계수가 커야 압축하기 어려우므로 비압축성에 가까워진다. 따라서 유압기기의 작동유는 체적 탄성 계수가 커야 한다.

[유압 작동유의 구비 조건]
• 확실한 동력 전달을 위해 비압축성이어야 한다.(비압축성이어야 밀어버린 만큼 그대로 밀리기 때문에 정확한 동력 전달이 가능하다!)
• 인화점과 발화점이 높아야 한다.
• 점도 지수가 높아야 한다.
• 비열과 체적 탄성 계수는 커야 한다.
• 비중과 열팽창 계수는 작아야 한다.

- 증기압이 낮고, 비등점이 높아야 한다.
- 소포성과 윤활성, 방청성이 좋아야 하며, 장기간 사용해도 안정성이 요구되어야 한다.

12
정답 ④

[공동 현상 방지법]
- 실양정이 크게 변동해도 토출량이 과대하게 증가하지 않도록 주의한다.
- 스톱 밸브를 지양하고, 슬루스 밸브를 사용하고, 펌프의 흡입 수두를 작게 한다.
- 유속을 $3.5 \, [\text{m/s}]$ 이하로 유지시키고, 펌프의 설치 위치를 낮춘다.
- 마찰 저항이 작은 흡인관을 사용하여 흡입관 손실을 줄인다.
- 펌프의 임펠러 속도(회전수)를 작게 한다.(흡입 비교 회전도를 낮춘다.)
- 펌프의 설치 위치를 수원보다 낮게 한다.
- 양흡입 펌프를 사용(펌프의 흡입측을 가압한다)
- 관 내 물의 정압을 그때의 증기압보다 높게 한다.
- 흡입관의 구경을 크게 하며, 배관을 완만하고 짧게 한다.
- 펌프를 2개 이상 설치한다.
- 유압 회로에서 기름의 정도는 $800 \, [\text{ct}]$를 넘지 않아야 한다.
- 입축 펌프를 사용하고, 회전차를 수중에 완전히 잠기게 한다.

13
정답 ②

SM	GC	STC	SBV	SC	SS
기계 구조용 탄소강	회주철	탄소 공구강	리벳용 압연 강재	주강품	일반 구조용 압연 강재
SKH, HSS	SWS	SK	WMC	SBB	SF
고속도강	용접 구조용 압연 강재	자석강	백심 가단 주철	보일러용 압연 강재	단조품
BMC	STS	SPS	DC	SNC	SEH
흑심 가단 주철	합금 공구강	스프링강	구상 흑연 주철	Ni-Cr 강재	내열강

14
정답 ③

- **페라이트**: α고용체라고도 하며, α철에 최대 $0.0218 \, [\%]$C까지 고용된 고용체로, 전연성이 우수하며, A2점 이하에서는 강자성체이다. 또한, 투자율이 우수하고 열처리는 불량하다. [체심 입방 격자]
- **펄라이트**: $0.77 \, [\%]$C의 고용체(오스테나이트)가 $727 \, [℃]$에서 분열하여 생긴 α고용체(페라이트)와 시멘타이트(Fe_3C)가 층을 이루는 조직으로, 723도의 공석 반응에서 나타난다. 그리고 강도가 크며, 어느 정도의 연성을 가진다.
- **시멘타이트**: 철과 탄소가 결합된 탄화물로 탄화철이라고 불리우며, 탄소량이 $6.68 \, [\%]$인 조직이다. 단단하고 취성이 크다.

- 레데뷰라이트: 2.11 [%]C의 고용체(오스테나이트)와 6.68 [%]C의 시멘타이트(Fe_3C)의 공정 조직으로, 4.3 [%]C인 주철에서 나타나는 조직이다.
- 오스테나이트: 철에 최대 2.11 [%]C까지 용입되어 있는 고용체이다. [면심 입방 격자]

15

정답 ②

- 굵은 실선: 외형선
- 가는 실선: 치수선, 치수 보조선, 지시선, 파단선
- 가는 1점 쇄선: 중심선, 기준선, 피치선
- 가는 파선: 숨은선
- 가는 2점 쇄선: 가상선, 무게 중심선

16

정답 ③

$V = rw = $ 반지름 × 각속도

➡ 원판 위의 회전 운동에서 선속도는 회전 중심으로부터의 거리와 각속도의 곱으로 표현된다.
즉, 선속도는 중심에서 멀어질수록 크며, 각속도는 위치에 관계없이 일정하다.

17

정답 ④

판의 효율은 리벳 구멍이 없는 판의 인장 강도에 대한 리벳 구멍이 있는 판의 인장 강도의 비이다. 즉, 1피치 내에서 리벳 구멍이 없는 판이 견딜 수 있는 하중에 대한 리벳 구멍이 있는 판이 견딜수 있는 하중의 비를 의미하므로 효율 $\eta = \dfrac{p-d}{p}$ 로 정리된다.

➡ $\eta = \dfrac{100-20}{100} = 0.8 = 80 \, [\%]$

➡ 인장 응력 $\sigma = \dfrac{P(\text{하중})}{A(\text{하중})} = \dfrac{13{,}000\text{N}}{80(\text{피치}-\text{리벳 구멍}) \times 10(\text{두께})} \fallingdotseq 16.25 \, [\text{MPa}]$

18

정답 ④

비틀림각 $\theta = \dfrac{Tl}{GI_p} = \dfrac{Tl}{\dfrac{\pi d^4}{32G}}$

즉, 비틀림각 $\theta \propto \dfrac{1}{d^4}$ 의 관계가 도출된다.

➡ 축의 지름이 2배가 되면 비틀림각은 $\dfrac{1}{2^4} = \dfrac{1}{16}$ 배가 된다.

19

정답 ④

CBN(Cubic Boron Nitride, 입방정 질화 붕소)은 미소 분말을 고온이나 고압에서 소결하여 만든 것으로, 다결정 절삭 공구인 다이아몬드와 유사한 구조이며, 다이아몬드 다음으로 경한 재료이다. 내열성과 내마모성이 뛰어나서 철계 금속이나 내열 합금의 절삭, 난삭재, 고속도강의 절삭에 주로 사용된다.

20

정답 ①

- 담금질(퀜칭): 재질을 경화, 마텐자이트 조직을 얻기 위한 열처리
- 뜨임(템퍼링, 소려): 담금질한 강은 경도가 크나 취성을 가지므로 경도가 다소 저하되더라도 인성을 증가시키기 위해 A1 변태점 이하에서 재가열하여 냉각시키는 열처리(강인성 부여)
- 풀림(어닐링, 소둔): A1 또는 A3 변태점 이상으로 가열하여 냉각시키는 열처리로 내부 응력을 제거하며 재질의 연화를 목적으로 하는 열처리(노 안에서 냉각=노냉 처리를 한다.)
- 불림(노멀라이징, 소준): A3, Acm보다 30~50 [℃] 높게 가열 후 공냉하여 미세한 소르바이트 조직을 얻는 열처리로, 결정 조직의 표준화와 조직의 미세화 및 내부 응력을 제거한다.

21

정답 ②

- Fr(프루드 수): 선박, 배, 강에서의 모형 실험, 수력 도약, 댐 공사 등 자유 표면을 갖는 흐름에서 유체의 특성을 나타내는 데 사용
- We(웨버 수): 서로 다른 유체의 경계면에서 사용되는 무차원 수로, 물방울 형성에 가장 중요한 무차원 수
- Re(레이놀즈 수): 관 유동, 파이프, 잠수함 등 점성력이 작용하는 유동에서 사용
- Ma(마하 수): 속도와 음속의 비를 나타내는 무차원 수

22

정답 ②

[고속 절삭의 특징]
- 빠른 회전 속도를 사용하므로 절삭 저항이 적고 공구의 마멸이 줄어든다.
- 유동형 칩이 생성되며, 칩의 탈락 또한 빠른 속도로 이루어지므로 절삭부의 열 방출이 원활하고, 가공물이 절삭열에 의해 변형될 여지가 적다.
- 열처리된 소재나 경질 소재의 가공도 가능하다.
- 한 번의 셋업으로 가공이 가능하므로 비절삭 시간에서 오는 비효율성을 상당 부분 제거할 수 있다.

23

정답 ①

칩은 전단 변형에 의해 형성된다.

[칩의 종류]

유동 형칩	전단 형칩	열단 형칩(경작형)	균열 형칩
연성 재료(연강, 구리, 알루미늄)를 고속으로 절삭할 때, 윗면 경사각이 클 때, 절삭 깊이가 작을 때, 유동성이 있는 절삭유를 사용할 때 발생하는 연속적이며 가장 이상적인 칩	연성 재료를 저속 절삭할 때, 윗면 경사각이 작을 때, 절삭 깊이가 클 때 발생하는 칩	점성 재료, 저속 절삭, 작은 윗면 경사각, 절삭 깊이가 클 때 발생하는 칩	주철과 같은 취성 재료를 저속 절삭으로 절삭할 때, 진동 때문에 날 끝에 작은 파손이 생겨 채터가 발생할 확률이 크다.

24
정답 ①

용융 금속을 금형(다이)에 고속으로 충전한 뒤 응고 시까지 고압을 계속 가해 주어 주물을 얻는 주조법으로, 주물 조직이 치밀하며, 강도가 크고 치수 정밀도가 높아서 마무리 공정수를 줄일 수 있다. 주로 비철 금속의 주조에 사용된다. 그리고 다이 자체가 고가이기 때문에 소량 생산에는 비경제적이므로 대량 생산에 주로 사용된다. 또한 주형을 영구적으로 사용할 수 있고, 충전 시간이 매우 짧아서 생산 속도가 빨라 대량 생산에 적합하다.

25
정답 ③

- **연성**: 가느다란 선으로 늘릴 수 있는 성질을 말한다.
- **인성**: 충격에 대한 저항 성질을 말한다.(인성=충격값=충격치, 모두 같은 의미)
- **전성**: 재료가 하중을 받으면 넓게 펼쳐지는 성질을 말한다.
- **경도**: 국부 소성 변형 저항성을 말한다.
- **강도**: 외력에 대한 저항력을 말한다.

26
정답 ④

[주철의 특징]
- 탄소 함유량이 2.11~6.68 [%]이므로 용융점이 낮다. 따라서 녹이기 쉬워 틀에 넣고 복잡한 형상을 주조할 수 있다.
- 탄소 함유량이 많으므로 강, 경도가 큰 대신 취성이 발생한다. 즉, 인성이 작고 충격값이 작다. 따라서 단조 가공 시 헤머로 타격하면 취성에 의해 깨질 위험이 있다.
- 압축 강도가 우수하여 공작기계의 베드, 브레이크 드럼 등에 사용된다.
- 취성이 있기 때문에 가공이 어렵지만, 주철 내 흑연이 절삭유 역할을 하므로 절삭성은 우수하다.
- 마찰 저항이 우수하며, 마찰차의 재료로 사용된다.

• 주철은 취성으로 인해 리벳팅할 때 깨질 위험이 있으므로 리벳의 재료로 사용될 수 없다.

※ 단조를 가능하게 하려면 "가단(단조를 가능하게) 주철을 만들어서 사용하면 된다."
※ 주철은 담금질, 뜨임, 단조가 불가능하다.

27 정답 ②

• 만유 인력: 우주 상의 모든 물체 사이에 작용하는 서로 끌어당기는 힘
• $F = G\dfrac{Mm}{r^2}$ (단, G: 만유 인력 상수, M: 물체 1의 질량, m: 물체 2의 질량)

28 정답 ②

[절삭 공구 구비 조건]
• 강인성이 클 것
• 마찰 계수가 작을 것
• 내마모성이 높을 것
• 고온에서 경도가 저하되지 않을 것

※ 마찰을 줄이기 위해 절삭 공구의 재료로는 마찰 계수가 작은 것을 선택해야 하며, 이 외 윤활유를 사용하거나 절삭 조건을 조절하여 마찰을 감소시킨다.

29 정답 ④

• 전해 연마: 전해액을 이용하여 전기 화학적인 방법으로 공작물을 연삭하는 가공법이다.
• 호닝: 드릴링, 보링, 리밍 등으로 1차 가공한 재료를 더욱 정밀하게 연삭하는 가공법으로, 각봉 형상의 세립자로 만든 공구를 공작물에 스프링이나 유압으로 접촉시키면서 회전 운동과 왕복 운동을 동시에 주어 매끈하고 정밀한 제품을 만드는 가공법이다. 주로 내연 기관의 실린더와 같이 구멍의 진원도와 진직도, 표면 거칠기 향상을 위해 사용한다.
• 래핑: 주철이나 구리, 가죽, 천 등으로 만들어진 랩과 공작물의 다듬질할 면 사이에 랩제를 넣고 적당한 압력으로 누르면서 상대 운동을 하면 절삭 입자가 공작물의 표면으로부터 극히 소량의 칩을 깎아내어 표면을 다듬는 가공법이다. 주로 게이지 블록의 측정 면을 가공할 때 사용한다.
• 폴리싱: 알루미나 등의 연마 입자가 부착된 연마 벨트로 제품 표면의 이물질을 제거하여 제품의 표면을 매끈하고 광택나게 만드는 가공법으로, 버핑 가공의 전 단계에서 실시한다.
• 슈퍼 피니싱: 입도와 결합도가 작은 숫돌을 낮은 압력으로 공작물에 접촉하고 가볍게 누르면서 분당 수백에서 수천의 진동과 수 [mm]의 진폭으로 왕복 운동을 하면서 공작물을 회전시켜 제품의 가공면을 단시간에 매우 평활한 면으로 다듬는 가공 방법이다. 또한, 원통면과 평면, 구면을 미세하게 다듬질하고자 할 때 주로 사용한다.

30

정답 ④

$$\theta_A = \theta_B \Rightarrow \theta_A = \frac{TL}{GI_p} = \frac{32T_A L}{G\pi D^4}, \ \theta_B = \frac{32T_B(4L)}{G\pi(4D)^4}$$

$$\Rightarrow T_A = \frac{G\pi D^4 \theta_A}{32L}, \ T_B = \frac{G\pi(256D^4)\theta_B}{128L}$$

$$\Rightarrow \frac{T_A}{T_B} = \frac{\dfrac{G\pi D^4 \theta_A}{32L}}{\dfrac{G\pi(256D^4)\theta_B}{128L}} = \frac{128}{32 \times 256} = \frac{1}{64}$$

31

정답 ①

[원판 클러치의 전달 토크]

$$T = \mu P \frac{D_m}{2} = \mu P R_m = 0.2 \times 100 \times 60 = 1,200 \, [\text{kg} \cdot \text{mm}]$$

(단, μ: 마찰 계수, P: 축 방향으로 미는 힘)

D_m: 원판 마찰면의 평균 지름 $\left(\dfrac{D_1 + D_2}{2}\right)$

R_m: 평균 반지름

32

정답 ④

외팔보의 끝단에 집중 하중 P가 작용할 때의 최대 처짐: $\dfrac{PL^3}{3EI}$

단순보의 중앙부에 집중 하중 P가 작용할 때의 최대 처짐: $\dfrac{PL^3}{48EI}$

즉, A/B이므로 16으로 도출된다.

33

정답 ③

- **쇼어 경도(Shore Harness):** 시험편 위의 일정한 높이에서 일정한 형상과 중량을 가지는 다이아몬드 해머를 낙하시켜 반발하여 올라가는 높이로부터 경도를 측정하는 것으로, 완성품의 경도 시험에 적합하다.
- **브리넬 경도(Brinell Harness):** 강구 압입체를 사용하여 시험면에 구형 오목부의 자국을 만들었을 때의 하중을 영구 변형된 자국의 지름으로부터 구해진 표면적으로 나눈 값으로, 종류로는 유압식, 레버식 등이 있으나 현재는 유압식을 많이 사용한다.
- **로크웰 경도(Rockwell Harness):** 로크웰 경도는 기본 하중(10 [kgf])과 시험 하중으로 인하여 생긴 압입 자국의 깊이 차(h)로 측정하는데, 지름이 1.558 [mm]인 강구를 누르는 방법과 꼭짓각이 120, 선단의 반지름 0.2 [mm]인 원뿔형 다이아몬드를 누르는 방법의 2가지가 있다. 전자를 로크웰 경도치 B 스케일(HRB, 시험 하중: 100 [kgf]), 후자를 로크웰 경도치 C 스케일(HRC, 시험 하중: 150 [kgf])이라고 하며, B 스케일은 비교적 연질인 시편의 경도 측정에 이용되고, C 스케일은 경질 강재 및 담금질 시편의 측정에 이용된다.

- 비커스 경도(Vickers Harness): 꼭짓각이 136의 정사각뿔인 다이아몬드 압입체를 일정한 시험 하중으로 시료의 시험면에 압입하여 생긴 영구 오목부의 크기로부터 시료의 경도를 측정하는 KS에서는 시험 하중 0.49~490 [N](50 [gf]~50 [kgf])에서의 시험 방법이 규정되어 있다. 또한 시험 하중 9.8 [N](1 [kgf]) 이하의 시험은 미소 경도 시험으로 구분한다.

34
정답 ①

베어링 608은 안지름 번호 일의 자리이다. 따라서 0~9는 그대로 안지름 [mm]로 해석한다. 즉, 베어링 608의 안지름은 8 [mm]이다.

35
정답 ②

- 탄소강에 함유된 5대 원소: S, P, C, Mn, Si

📝 암기 ---
(황인탄망규)

36
정답 ②

비가역 단열 변화에서 계와 주변의 각각의 엔트로피가 항상 증가하는지 알 수 없다. 그 이유는 총 합성계의 엔트로피(엔트로피의 총 합=시스템+주위)가 항상 증가하는 것이지, 계와 주변의 엔트로피가 각각 증가하는 것이 아니다. 예를 들어, 주변의 엔트로피 변화가 +5이고 계의 엔트로피 변화가 −4이어도 총합의 엔트로피는 +1로 증가한다.

37
정답 ③

M 코드	기능	M 코드	기능
M00	프로그램 정지	M01	선택적 프로그램 정지
M02	프로그램 종료	M03	주축 정회전(주축이 시계 방향으로 회전)
M04	주축 역회전(주축이 반시계 방향으로 회전)	M05	주축 정지
M06	공구 교환	M08	절삭유 ON
M09	절삭유 OFF	M14	심압대 스핀들 전진
M15	심압대 스핀들 후진	M16	Air Blow2 ON, 공구측정 Air
M18	Air Blow1,2 OFF	M30	프로그램 종료 후 리셋
M98	보조 프로그램 호출	M99	보조 프로그램 종료 후 주프로그램 회기

위 표 중에서 M00, M03, M04, M05, M06, M08, M09 매우 중요하다.
그래도 여유가 된다면 모두 암기하기 바란다.

38

정답 ①

• **압출 가공**: 소재를 용기에 넣고 높은 압력을 가하여 다이 구멍으로 통과시켜 형상을 만드는 가공법이다. 또한, 선재나 관재, 여러 형상의 일감을 제조할 때 재료를 용기 안에 넣고 램으로 높은 압력을 가해 다이 구멍으로 밀어내면 재료가 다이를 통과하면서 가래떡처럼 제품이 만들어진다.
• **단조**: 소재를 일정 온도 이상으로 가열하고 해머 등으로 타격하여 모양이나 크기를 만드는 가공법이다.
• **인발 가공**: 원뿔형 다이 구멍으로 통과시킨 소재의 선단을 끌어당기는 방법으로 형상을 만드는 가공법이다.
• **압연 가공**: 회전하는 한 쌍의 롤 사이로 소재를 통과시켜 두께와 단면적을 감소시키고 길이 방향으로 늘리는 가공법이다.

39

정답 ②

$\int_{1}^{2}W$는 주어진 $\mathrm{P-V}$ 선도에서 사다리꼴 면적과 같다.

➡ $W_{12} = \Delta P \times \Delta V = \Delta P \times A \times \Delta S$ (단, $\Delta V = A \times \Delta S$)

➡ $W_{12} = \dfrac{(6+2)}{2}(0.8)(2) = 6.4\,[\mathrm{mJ}] = 6400\,[\mathrm{kJ}]$

40

정답 ②

[상향 절삭 vs 하향 절삭]
• **상향 절삭**: 커터 날이 움직이는 방향과 공작물의 이송 방향이 반대인 절삭 방법
  ① 밀링 커터의 날이 공작물을 들어올리는 방향으로 작용하므로 기계에 무리를 주지 않는다.
  ② 절삭을 시작할 때 날에 가해지는 절삭 저항이 점차적으로 증가하므로 날이 부러질 염려가 없다.
  ③ 절삭 날의 절삭 방향과 공작물의 이송 방향이 서로 반대이므로 백래시가 자연히 제거된다. 따라서 백래시 제거 장치가 필요없다.
  ④ 절삭열에 의한 치수 정밀도의 변화가 작다.
  ⑤ 절삭 날이 공작물을 들어올리는 방향으로 작용하므로 공작물의 고정이 불안정하며 떨림이 발생하여 동력 손실이 크다.
  ⑥ 날의 마멸이 심하며 수명이 짧고 가공면이 거칠다.
  ⑦ 칩이 잘 빠져나오므로 절삭을 방해하지 않는다.

• **하향 절삭**: 커터 날이 움직이는 방향과 공작물의 이송 방향이 동일한 절삭 방법
  ① 밀링 커터의 날이 마찰 작용으로 하지 않아 날의 마멸이 적고 수명이 길다.
  ② 동력 손실이 적으며, 가공면이 깨끗하다.
  ③ 절삭 날이 절삭을 시작할 때 절삭 저항이 크므로 날이 부러지기 쉽다.
  ④ 치수 정밀도가 불량해질 염려가 있으며, 백래시 제거 장치가 필요하다.

41

정답 ②

[강관의 접합 방법]
용접, 나사, 플랜지 접합

✍ 암기 --
(나)는 (용)가리처럼 (불)을 뿜는다.

42

정답 ③

용접 종류	에너지
테르밋 용접, 가스 용접	화학 반응 에너지
아크 용접	전기 에너지
레이저 용접	빔 에너지
마찰 용접, 초음파 용접, 폭발 용접, 냉간 용접	기계적 에너지

43

정답 ①

[인벌류트 곡선의 특징]
• 동력 전달 장치에 사용하며, 값이 싸고 제작이 쉽다.
• 치형의 가공이 용이하고, 정밀도와 호환성이 우수하다.
• 압력각이 일정하며, 물림에서 축간 거리가 다소 변해도 속비에 영향이 없다.
• 이뿌리 부분이 튼튼하나 미끄럼이 많아 소음과 마멸이 크다
• 인벌류트 치형은 압력각과 모듈이 모두 같아야 호환이 가능하다.

[사이클로이드 곡선의 특징]
• 언더컷이 발생하지 않으며, 중심 거리가 정확해야 조립이 가능하다. 또한 용도는 시계에 사용
• 미끄럼이 적어 소음과 마멸이 적고 잇면의 마멸이 균일하다.
• 피치점이 완전히 일치하지 않으면 물림이 불량하다.
• 치형의 가공이 어렵고, 호환성이 적다.
• 압력각이 일정하지 않다.
• 효율이 우수하다.

44

정답 모두 맞음

[너트의 풀림 방지 방법]
분할핀, 작은 나사, 세트스크류, 철사, 자동 휨 너트, 와셔, 로크너트, 플라스틱 플러그 등 사용

45

정답 ④

[V벨트의 특징]
- 축간 거리가 짧고 속도비가 큰 경우에 적합하며 접촉각이 작은 경우에 유리하다.
- 소음 및 진동이 적고 미끄럼이 적어 큰 동력 전달이 가능하고 벨트가 벗겨지지 않는다.
- 바로걸기만 가능하며, 끊어졌을 때 접합과 길이 조정이 불가능하다.
- 고속 운전이 가능하고, 충격 완화 및 효율이 95 [%] 이상으로 우수하다.
- V벨트의 홈 각도는 40도이지만, 풀리홈 각도는 40도보다 작게 해서 더욱 쪼이게 하여 마찰력을 증대시킨다. 이에 따라 전달할 수 있는 동력이 더 커진다.
- V벨트는 속도비가 큰 경우 사용하는데, 그 범위는 1 : 7~10이다.
- V벨트는 수명을 고려하여 10~18 [m/s]의 범위로 운전을 한다.
- V벨트는 A, B, C, D, E, M형이 있는데, M, A, B, C, D, E형으로 갈수록 인장 강도, 단면 치수, 허용 장력이 커진다.

46

정답 ④

$$N = \frac{aV}{l} = \frac{\frac{4}{5} \times 50}{0.4} = 100 \,[\text{rpm}]$$

(단, V = 절삭 속도, N = 왕복 회전수, l = 행정 길이)

47

정답 ③

[전위 기어의 사용 목적]
- 중심 거리를 자유롭게 조절하기 위해
- 이의 강도를 개선하기 위해
- 물림률을 증가시키기 위해
- 언더컷을 방지하기 위해
- 최소 잇수를 적게 하기 위해

48

정답 ②

[유체의 정의]
전단력을 받았을 때 저항하지 못하고 연속적으로 변형하는 물질

49

정답 ③

[스피닝]
선반의 주축에 제품과 같은 형상의 다이를 장착하고 심압대로 소재를 다이와 밀착시킨 후 함께 회전시키면서 강체 공구나 롤러로 소재의 외부를 강하게 눌러서 축에 대칭인 원형의 제품을 만드는 박판 성형 가공법이다.

[스피닝의 종류]
- **보통 스피닝**: 평판 및 예비 가공된 원형 판재를 회전하는 돔에 형상을 한 원형의 맨드릴에 걸고 강체인 공구로 변형시키면서 맨드릴의 형상대로 가공하는 방법이다.
- **전단 스피닝**: 동력 스피닝, 하이드로 스피닝, 스핀 단조라고도 하며, 소재의 직경을 일정하게 유지하면서 원추형 및 곡선 형상의 축대칭 제품을 가공하는 방법이다. 롤러를 한 개만 사용할 수도 있지만 맨드렐에 작용하는 반경 방향 하중의 평형을 위해서는 두 개의 롤러를 사용하는 것이 바람직하다. 로켓의 모터 케이싱과 미사일의 머리 부분 제작 등에 이용된다.
- **관재 스피닝**: 맨드렐과 롤러로 관재를 스피닝하여 그 두께를 줄이는 공정이며, 관재의 내부 및 외부를 가공할 수 있다. 또한, 압력 용기, 자동차 부품, 로켓 및 미사일 부품 등의 제작에 이용된다.

50
정답 ①

[옵티컬 플렛(광선 정반)]
- 광파 간섭 현상을 이용하여 평면도를 측정한다. 특히 마이크로미터 측정면의 평면도 검사에 많이 사용된다.
- 수정 또는 유리로 만들어진 극히 정확한 평형 평면판으로 이면을 측정면에 겹쳐서 이것을 통해 빛이 반사하게 되면 측정면과 근소한 간격에 의해 간섭 무늬줄이 생성된다. 즉, 광파 간섭 현상을 이용하여 평면도를 측정한다.

[공구 현미경]
- 피측정물을 확대 관측하여 나사의 안지름, 바깥지름(호칭지름), 골지름, 유효지름, 테이퍼, 나사의 피치, 나사산의 각도 등을 측정한다.
- 복잡한 모양의 윤곽, 좌표의 측정, 나사 요소의 측정 등과 같이 단독 요소 측정기로 측정할 수 없는 부분을 측정할 때 적합하다.

[오토 콜리메이터]
- 미소각을 측정하는 광학적 측정기로 수준기와 망원경의 조합으로 구성되어 있다.
- 정밀 정반의 평면도, 마이크로미터 측정면의 직각도, 평행도, 공작기계 안내면의 직각도, 안내면의 평행도, 그 밖의 작은 각도의 차와 변화 및 흔들림을 측정한다.

[투영기]
- 광학적 측정기로 수나사의 바깥지름(호칭지름), 골지름, 유효지름, 나사산의 각도, 피치 등을 모두 측정할 수 있는 측정기이다.
- 광학적으로 확대시켜 물체의 형상, 크기, 표면 상태를 관찰할 수 있다.

6회 실전 모의고사

1문제당 2점 / 점수 [　　]점

⋯→ 정답 및 해설: p.120

01 단열된 피스톤 실린더 내에 압력이 $100\,[\text{kPa}]$, 부피 $2\,[\text{m}^3]$의 기체가 등온 과정으로 서서히 3배로 팽창하였다면 이 기체가 한 일은 약 얼마인가? (단, $\ln 3 = 1.1$)

① 110 [kJ] ② 200 [kJ]
③ 220 [kJ] ④ 660 [kJ]

02 응축기 온도가 $100\,[^\circ\text{C}]$, 증발기 온도가 $-50\,[^\circ\text{C}]$인 이상 냉동 사이클의 성능 계수는 얼마인가?

① 0.67 ② 1.33
③ 1.49 ④ 2.49

03 베르누이 방정식에 대한 설명으로 옳지 <u>못한</u> 것은?

① 비압축성 유동, 비점성, 정상류, 유체 입자는 유선을 따라 이동 등은 베르누이 방정식의 기본 가정이다.
② ρ/γ는 압력 수두를 의미한다.
③ 수력 구배선은 에너지선보다 항상 속도 수두 만큼 위에 있다.
④ 베르누이 방정식은 에너지 보존의 법칙을 유체 유동에 적용시킨 방정식이다.

04 연삭 작업 시 로딩이 발생하는 원인으로 옳지 <u>못한</u> 것은?

① 연삭 깊이가 깊을 때 ② 조직이 미세하거나 치밀할 때
③ 가공물의 경도가 높을 때 ④ 드레싱이 불량할 때

05 그림과 같은 판재에서 판재의 두께 t:40 [mm], 리벳 구멍의 지름 d: 35 [mm], 판재의 폭 b: 300 [mm]일 때, 판재에 작용하는 하중은? (단, 판재의 허용 인장 응력 σ는 120 [N/mm²]이다.)

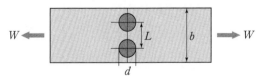

① 1104 [N] ② 1272 [KN]
③ 1272 [N] ④ 1104 [KN]

06 기하 공차를 표시하는 기호가 옳지 <u>않은</u> 것은?

① 원통도 – ⌀
② 진원도 – ○
③ 평면도 – ▱
④ 동심도 – ⌖

07 산소 가스 용접의 특징에 대한 설명으로 옳지 <u>못한</u> 것은?

① 작업이 간단하다.
② 가열 조절이 비교적 자유롭다.
③ 절단, 열처리 등에도 적용할 수 있다.
④ 열 영향부가 좁다.

08 보통 선반의 심압대 대신 여러 개의 공구를 방사상으로 설치하여 공정 순서대로 공구를 차례로 사용할 수 있도록 만들어진 선반은?

① 탁상 선반
② 정면 선반
③ 터릿 선반
④ 수직 선반

09 주강과 주철을 구분하는 기본 원소는?

① 니켈
② 망간
③ 탄소
④ 몰리브덴

10 영구 주형을 사용하는 주조 방법이 <u>아닌</u> 것은?

① 가압 주조법
② 진공 주조법
③ 반용융 성형법
④ 스퀴즈 주조법

11 평균 열전도도가 $0.8\ [\text{kcal/mh}^\circ\text{C}]$인 두께 $2400\ [\text{mm}]$의 벽돌로 만든 노벽의 내면 온도는 $400\ [^\circ\text{C}]$, 외면의 온도가 $100\ [^\circ\text{C}]$인 경우 단위 면적당 열손실은 얼마인가?

① $0.1\ [\text{kcal/hm}^2]$
② $1\ [\text{kcal/hm}^2]$
③ $10\ [\text{kcal/hm}^2]$
④ $100\ [\text{kcal/hm}^2]$

12 냉간 가공된 재료를 풀림 처리할 때 나타나는 현상으로 옳지 <u>않은</u> 것은?

① 회복
② 표준화
③ 결정립 성장
④ 재결정

13 테이블이 수평면 내에서 회전하는 것으로, 공구의 길이 방향 이송이 수직으로 되어 있고, 대형 중량물을 깎는 데 쓰이는 선반은?

① 수직 선반   ② 탁상 선반
③ 정면 선반   ④ 터릿 선반

14 나사마이크로미터는 나사의 무엇을 측정하는 데 사용되는가?

① 바깥지름   ② 골지름
③ 피치   ④ 유효지름

15 스토크스 법칙에 적용되는 가장 중요한 특징은?

① 비점성   ② 압축성
③ 고속   ④ 저속

16 2000 [rpm]으로 회전하는 펌프의 사양을 2배로 변경하여 4000 [rpm]이 되었다. 이 과정에서 펌프의 양정과 동력은 각각 어떻게 변하는가?

① 동력: 2배, 양정: 2배   ② 동력: 2배, 양정: 4배
③ 동력: 8배, 양정: 4배   ④ 동력: 4배, 양정: 8배

17 아래 그림처럼 평벨트 전동 장치가 있다. A, B, C, D 중에서 장력이 최대가 되는 지점은?

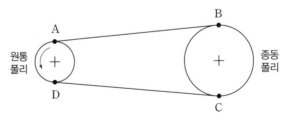

① A, D   ② B, C
③ A, B   ④ C, D

18 압력비가 클 때 압축일을 작게 하고 체적 효율을 크게 하기 위해 다단 압축기를 사용하게 되는데, 2단 압축일 때의 중간 압력 공식은?

① $P_\mathrm{m} = \sqrt[2]{(P_1)(P_2)}$ ② $P_\mathrm{m} = \sqrt[3]{(P_1)(P_2)}$
③ $P_\mathrm{m} = \sqrt[4]{(P_1)(P_2)}$ ④ $P_\mathrm{m} = [(P_1)(P_2)]^2$

19 2유체 사이클에서 수은을 사용하는 궁극적인 이유는 무엇인가?

① 저온에서 포화 압력이 높기 때문   ② 고온에서 포화 압력이 높기 때문

③ 저온에서 포화 압력이 낮기 때문   ④ 고온에서 포화 압력이 낮기 때문

20 열전달은 온도 차 발생으로 인한 열에너지의 이동이다. 그렇다면 열전달 방법 중에서 뉴턴의 냉각 법칙과 관련된 열전달은 무엇인가?

① 전도   ② 복사

③ 대류   ④ 파장

21 알루미늄에 대한 설명으로 옳지 <u>못한</u> 것은?

① 전연성이 우수하며, 열과 전기가 잘 통한다.

② 같은 부피이면 강보다 가볍다.

③ 순도가 높을수록 연하다.

④ 공기 중에서 산화가 계속 일어나는 성질이 있다.

22 체인 전동 장치의 특징으로 옳지 <u>못한</u> 것은?

① 미끄럼이 없어 정확한 속비를 얻을 수 있고, 효율이 95 [%] 이상이다.

② 초기 장력을 줄 필요가 없고, 고속 회전에 적합하다.

③ 체인의 길이 조정이 가능하며, 다축 전동이 용이하다.

④ 유지 및 수리가 용이하다.

23 NC 기계의 움직임을 전기적인 신호로 표시하는 일종의 회전 피드백 장치는 무엇인가?

① 슬로팅 장치   ② 서보모터

③ 컨트롤러   ④ 리졸

24 회전 운동을 직선 운동으로 바꾸는 데 사용하는 장치가 <u>아닌</u> 것은?

① 캠과 캠기구   ② 웜기어

③ 크랭크와 슬라이더 기구   ④ 랙과 피니언

25 회전 변위를 직선 변위로 변환 및 확대시키는 데 사용하는 가장 적합한 나사는?

① 결합용 나사   ② 운동용 나사

③ 둥근 나사   ④ 계측용 나사

26 기하 공차 중에서 데이텀이 필요 없는 것은?

① 직각도   ② 진직도
③ 평행도   ④ 경사도

27 유량 측정 장치 중에서 단면적이 점차적으로 확대 및 축소되는 관을 사용함으로써 축소하는 개소에서 유체의 속도가 증가하여 압력 강하가 발생한다. 이 압력 강하로 유량을 측정하는 장치는 무엇인가?

① 위어   ② 로터미터
③ 벤츄리미터   ④ 시차액주계

28 피치원의 지름이 400 [mm], 잇수가 20인 기어의 모듈은?

① 2   ② 5
③ 10   ④ 20

29 여러 가지 무차원 수에 대한 설명으로 옳지 <u>못한</u> 것은?

① 누셀 수가 클수록 대류열 전달이 크다.
② 비오트 수가 작을수록 집중계에 가깝다.
③ 루이스 수는 자연 대류에서 강도를 판별해 주거나 유체층 속에서 열대류가 일어나는지의 여부를 결정해 주는 매우 중요한 무차원 수
④ 그라쇼프 수는 온도차에 의한 부력이 속도 및 온도 분포에 미치는 영향을 나타내거나 자연 대류에 의한 전열 현상에 있어서 매우 중요한 무차원 수이다.

30 전기 분해할 때 양극의 금속 표면에 미세한 볼록 부분이 다른 표면 부분에 비해 선택적으로 용해되는 것을 이용한 금속 연마법으로, 기계 연마에 비해 평활한 면을 얻을 수 있고, 전기 도금의 예비 처리에 많이 쓰이는 것은?

① 버핑   ② 슈퍼피니싱
③ 방전 가공   ④ 전해 연마

31 열역학 제2법칙의 설명으로 옳지 <u>못한</u> 것은?

① 열효율이 100 [%]인 기관은 존재할 수 없다.
② 에너지의 방향성을 나타내는 법칙이다.
③ 열은 일로, 일은 열로 변환될 수 있다.
④ 엔트로피를 정의한 법칙이다.

32 한 원통 마찰차의 직경이 $D = 1000$ [mm], 회전수 $N = 500$ [rpm]으로 회전하고 있는 원통 마찰차가 있다. 두 마찰차를 미는 힘이 $P = 200$ [N]일 때 전달 동력은 몇 [kW]인가? (단, 마찰 계수 $\mu = 0.2$)

① 1.05 [kW] ② 2.05 [kW]

③ 3.05 [kW] ④ 4.05 [kW]

33 일반적인 코터의 기울기는 얼마인가?

① 1/5 ② 1/20

③ 1/50 ④ 1/100

34 내부 응력을 제거하고 결정 조직을 미세화하는 열처리는?

① 퀜칭 ② 소둔

③ 소준 ④ 소려

35 시인화칼륨(KCN), 시인화나트륨(NaCN)을 $600 \sim 900$ [℃]로 용해시킨 염욕 중에서 제품을 일정 시간 넣어두어 C와 N가 강의 표면으로 들어가는 표면 경화법은?

① 고체 침탄법 ② 가스 침탄법

③ 질화법 ④ 청화법

36 결합제의 힘이 약해서 작은 절삭력이나 충격에 의해서도 쉽게 입자가 탈락하는 현상은?

① 트루잉 ② 글레이징

③ 스필링 ④ 로딩

37 스핀들 축에 대한 설명으로 가장 옳은 것은?

① 주로 굽힘을 받는 축의 일종이며, 공작기계 주축 등에 사용된다.
② 좌굴을 일으키는 긴 축을 통상적으로 스핀들축이라고 한다.
③ 굽힘과 비틀림을 동시에 받아서 작업을 하는 회전축이다.
④ 주로 비틀림을 받는 짧은 축이고, 정밀하게 다듬질된 작업축이다.

38 스테인리스강의 구성 성분 중에서 가장 함유율이 높은 원소는?

① Ni ② Mn

③ Mo ④ Cr

39 베어링 6302의 안지름은 얼마인가?

① 10 [mm]　　　　　　　　　② 12 [mm]
③ 15 [mm]　　　　　　　　　④ 17 [mm]

40 캠의 회전수가 100 [rpm] 이상인 고속 회전이고, 종동절에 큰 하중이 작용할 때 압력각 α는?

① $\alpha \leq 30°$　　　　　　　　② $\alpha \geq 30°$
③ $\alpha \leq 45°$　　　　　　　　④ $\alpha \geq 45°$

41 필라멘트 형태의 액상 열가소성 수지를 가열된 노즐로 압출하여 각 층을 형성하는 신속 조형법은 무엇인가?

① 박판 적층법　　　　　　　　② 융해 융착법
③ 선택적 레이저 소결법　　　　④ 전자빔 용해

42 다수의 날을 가진 다인 공구를 사용하며, 구멍을 더욱 정확한 크기로 가공하거나 다듬질 정도를 개선하기 위해 구멍 내면의 재료를 미소량 깎아 제거하는 가공 방법은?

① 스폿페이싱　　　　　　　　② 리밍
③ 보링　　　　　　　　　　　④ 카운터싱킹

43 치핑에 대한 설명으로 옳은 것은?

① 절삭 가공 시, 칩이 연속적으로 잘 빠져나가는 현상이다.
② 절삭 공구와 칩의 충돌로 인해 일감에 열이 전달되는 현상이다.
③ 절삭 날의 강도가 절삭 저항에 견디지 못하고 날 끝이 탈락되는 현상이다.
④ 절삭 가공의 경사면이 움푹 파이는 현상이다.

44 기본 동적 부하 용량 $C=1000$ [N], 회전수 $N=500$ [rpm]인 볼 베어링의 수명 시간은? (단, 베어링 하중은 500 [N]이다.)

① 266시간　　　　　　　　　② 328시간
③ 532시간　　　　　　　　　④ 656시간

45 일정한 유량으로 유체가 흐르고 있는 원관이 있다. 이때 원관의 지름을 3배로 변경한다면 유속은 어떻게 되는가?

① 3배가 된다.
② 9배가 된다.
③ 1/3배가 된다.
④ 1/9배가 된다.

46 용접봉의 피복제 역할로 옳지 <u>못한</u> 것은?

① 아크의 발생과 유지를 쉽게 하며, 용착 금속에 필요한 원소를 보충하여 용접부의 강도 및 내식성을 증가시킨다.
② 대기 중의 산소 및 질소로부터 차단하여 용접 중 용착 금속을 보호한다.
③ 용접부의 급냉을 방지한다.
④ 피복제에 함유된 수분에 의해 용접 시 수소 취화 현상이 발생되어 용접 강도를 증가시킨다.

47 Fe–Ni 36 [%] 합금으로 선팽창 계수가 작고, 용도는 시계의 추 등에 사용되는 불변강은 무엇인가?

① 인바
② 플래티나이트
③ 엘린바
④ 초인바

48 절삭 가공 시 발생하는 여러 가지 저항들이 있다. 다음 중 절삭 가공 시 발생하는 저항을 모두 고르면 몇 개인가?

부력, 양력, 표면 장력, 주분력, 이송 분력, 항력, 배분력

① 1개
② 2개
③ 3개
④ 4개

49 이의 간섭에 의해 이뿌리가 파여지는 현상으로, 잇수비가 매우 클 때 생기는 현상은 무엇인가?

① 블로우홀
② 핀홀
③ 크레이터
④ 언더컷

50 CNC 프로그래밍에서 좌표계 주소와 관련이 <u>없는</u> 것은?

① X, Y, Z
② P, U, X
③ I, J, K
④ A, B, C

실전 모의고사 정답 및 해설

01	③	02	③	03	③	04	③	05	④	06	④	07	④	08	③	09	③	10	모두 맞음
11	④	12	②	13	①	14	④	15	④	16	③	17	④	18	①	19	④	20	③
21	④	22	②	23	④	24	②	25	④	26	④	27	③	28	④	29	③	30	④
31	③	32	①	33	③	34	③	35	④	36	③	37	④	38	④	39	③	40	①
41	②	42	②	43	③	44	①	45	④	46	④	47	①	48	③	49	④	50	②

01
정답 ③

[등온과정일 때 기체가 외부에 한 일]

$$W = P_1 V_1 \ln\left(\frac{P_1}{P_2}\right) = P_1 V_1 \ln\left(\frac{V_2}{V_1}\right)$$

➡ $P_1 = 100\,[\text{kPa}]$, $V_1 = 2\,[\text{m}^3]$, $V_2 = 6\,[\text{m}^3]$이므로

➡ $W = P_1 V_1 \ln\left(\frac{V_2}{V_1}\right) = (100\,[\text{kPa}])(2\,[\text{m}^3])\ln\left(\frac{6\,[\text{m}^3]}{2\,[\text{m}^3]}\right) = 100 \times 2 \times \ln 3 = 100 \times 2 \times 1.1$

   $W = 220\,[\text{kJ}]$

02
정답 ③

$$\varepsilon_r = \frac{T_L}{T_H - T_L} = \frac{(-50 + 273)}{(100 + 273) - (-50 + 273)} = \frac{223}{373 - 223} \approx 1.49$$

03
정답 ③

[베르누이 방정식]

• 베르누이 방정식 조건
  - 정상류
  - 비압축성
  - 유선을 따라 입자가 흘러야 한다.
  - 비점성(유체 입자는 마찰이 없다는 의미)

• 베르누이 방정식 세부 사항
  - $\frac{\rho}{\gamma} + \frac{V^2}{2g} + Z = C$ 즉, 압력 수두 + 속도 수두 + 위치 수두 = Constant
  - 압력 수두 + 속도 수두 + 위치 수두 = 에너지선, 압력 수두 + 위치 수두 = 수력 구배선
  - $\frac{\rho}{\gamma}$(압력 수두), $\frac{V^2}{2g}$(속도 수두), Z(위치 수두)

04

로딩이란 기공이나 입자 사이에 연삭 가공에 의해 발생된 칩이 끼는 현상이다. 따라서 연삭 숫돌의 표면이 무뎌지므로 연삭 능률이 저하된다. 이를 개선시키려면 드레서 공구로 드레싱을 하여 숫돌의 자생 과정을 시켜 새로운 예리한 숫돌 입자가 표면에 나올 수 있도록 유도해 준다. 그러면 로딩 현상의 원인을 알아보자. 김치찌개를 먹고 있다고 가정한다. 너무 맛있게 먹었기 때문에 이빨 틈새에 고춧가루가 낀다. 이빨 사이의 틈새＝숫돌 입자들의 틈새라고 보면 된다.

이빨 틈새가 크다면 고춧가루가 끼지 않고 쉽게 통과하여 지나갈 것이다. 하지만 이빨 사이의 틈새가 좁은 사람이라면 고춧가루가 한 번 끼면 잘 빠지지도 않아 이쑤시개로 빼야 할 것이다. 이것이 로딩이다. 따라서 로딩은 조직이 미세하거나 치밀할 때 발생한다. 또한, 원주 속도가 느릴 경우에는 입자 사이에 낀 칩이 잘 빠지지 않는다. 원주 속도가 빨라야 입자 사이에 낀 칩이 원심력에 의해 밖으로 빠져나가 잘 분리되기 때문이다.

그리고 조직이 미세 또는 치밀하다는 것은 경도가 높다는 것과 동일하다. 즉, 연삭 숫돌의 경도가 높을 때이다. 실제 시험에서 공작물(일감)의 경도가 높을 때라고 보기에 나온 적이 있다. 틀린 보기이다. 숫돌의 경도＞공작물의 경도일 때 로딩이 발생하게 되니 꼭 알아두자.

또한, 연삭 숫돌로 연삭하는 깊이가 크다면 일감 깊숙이 파고 들어가 연삭하므로 숫돌 입자와 일감이 접촉되는 부분이 커진다. 따라서 접촉 면적이 커진 만큼 숫돌 입자가 칩에 노출되는 환경이 훨씬 커진다. 다시 말해 입자 사이에 칩이 낄 확률이 더 커진다는 의미와 같다. 이 외에도 로딩의 원인은 부적절한 연삭 숫돌, 부적절한 연삭액, 드레싱이 불량할 때 등이 있다.

05

[W＝판재에 작용하는 하중, n＝리벳의 수]

➡ 판재의 인장 응력 $\sigma_t = \dfrac{W}{(b-nd)t} \rightarrow W = (b-nd)t\sigma_t = (300 - 2 \times 35) \times 40 \times 120$

➡ $1104\,[\text{kN}]$

06

원통도	진원도	평면도	위치도	대칭도	직각도	평행도	동심도(동축도)

07

[산소 가스 용접의 특징]
• 전력이 필요 없고, 변형이 크다. 그리고 일반적으로 박판에 적용한다.

- 열의 집중성이 낮아 열효율이 낮다. 따라서 아크 용접보나 용집 속도가 느리다.
- 용접 휨은 전기 용접이 가스 용접보다 작다. 작업이 간단하고 가열 조절이 자유롭다.
- 열 영향부(HAZ, 변질부)가 넓다.

08   정답 ③

- **탁상 선반**: 정밀 소형 기계 및 시계 부품을 가공할 때 사용하는 선반
- **정면 선반**: 직경이 크고 길이가 짧은 공작물을 가공할 때 사용하는 선반
- **터릿 선반**: 보통 선반의 심압대 대신 여러 개의 공구를 방사상으로 설치하여 공정 순서대로 공구를 차례로 사용할 수 있도록 만들어진 선반
- **수직 선반**: 중량이 큰 대형 공작물 또는 직경이 크고 폭이 좁으며 불균형한 공작물을 가공하며, 공작물의 탈부착 및 고정이 쉽고 안정된 중절삭이 가능한 선반

09   정답 ③

- **순철**: 탄소 함유량 0.02 [%] 이하
- **강**: 탄소 함유량 0.02~2.112 [%]
  ① 아공석강: 탄소 함유량 0.02~0.772 [%]
  ② 공석강: 탄소 함유량 0.772 [%]
  ③ 과공석강: 탄소 함유량 0.77~2.112 [%]

- **주철**: 탄소 함유량 2.11~6.682 [%]
  ① 아공정 주철: 탄소 함유량 2.11~4.32 [%]
  ② 공정 주철: 탄소 함유량 4.32 [%]
  ③ 과공정 주철: 탄소 함유량 4.3~6.682 [%]

- **저탄소 주강**: 탄소 함유량 0.22 [%] 이하
- **중탄소 주강**: 탄소 함유량 0.2~0.52 [%]
- **고탄소 주강**: 탄소 함유량 0.52 [%] 이상

10   정답 모두 맞음

[영구 주형을 사용하는 주조법]
다이캐스팅, 가압 주조법, 슬러시 주조법, 원심 주조법, 스퀴즈 주조법, 반용융 성형법, 진공 주조법

[소모성 주형을 사용하는 주조법]
- 인베스트먼트법, 셸주조법 등
- 소모성 주형은 주형에 쇳물을 붓고 응고되어 주물을 꺼낼 때 주형을 파괴한다.

11

정답 ④

$$Q=KA\frac{dT}{dx} \rightarrow \frac{Q}{A}=K\frac{dT}{dx}=0.8\frac{300}{2.4}=100\,[\text{kcal/h}]$$

12

정답 ②

풀림은 강 속에 있는 여러 가지 응어리를 풀어서 강의 성질을 개선하는 것을 의미한다. 풀림을 하는 동안 결정 입자는 회복 → 재결정 → 결정립 성장의 3단계 과정을 거친다.

[풀림의 목적에 맞는 풀림 종류]
- 강을 연하게 하여 기계 가공성 향상 (완전 풀림)
- 내부 응력 제거 (응력 제거 풀림)
- 기계적 성질 개선 (구상화 풀림)

13

정답 ①

- **탁상 선반**: 정밀 소형 기계 및 시계 부품을 가공할 때 사용하는 선반
- **정면 선반**: 직경이 크고 길이가 짧은 공작물을 가공할 때 사용하는 선반
- **터릿 선반**: 보통 선반의 심압대 대신 여러 개의 공구를 방사상으로 설치하여 공정 순서대로 공구를 차례로 사용할 수 있도록 만들어진 선반
- **수직 선반**: 중량이 큰 대형 공작물 또는 직경이 크고 폭이 좁으며 불균형한 공작물을 가공하며 공작물의 탈부착 및 고정이 쉽고 안정된 중절삭이 가능한 선반

14

정답 ④

[유효 지름 측정 방법]
- **나사마이크로미터**: 나사의 유효 지름을 측정하는 마이크로미터이다.
- **삼침법**: 가장 정밀도가 높으며, 지름이 같은 3개의 와이어를 나사산에 대고 와이어의 바깥쪽을 마이크로미터로 측정한다.

[삼침법에 의한 나사의 유효 지름 측정 공식]
d_e(유효 지름)$=M-3d+0.866025p$
(단, M: 마이크로미터 읽음값, d: 와이어의 지름, p: 나사의 피치)

삼침법이 적용되는 나사는 미터나사, 유니파이나사이다.

[유효 지름을 측정할 수 있는 방법]
삼침법, 나사마이크로미터, 나사게이지, 공구현미경, 나사용 버니어캘리퍼스, 만능측정기 등

15

[스토크스(Stokes)의 법칙]

점성 계수를 측정하기 위해 구를 액체 속에서 항력 실험을 한 것으로, $Re \leq 1$이면 박리가 존재하지 않아 항력은 마찰 항력이 지배적이라는 것을 나타내는 법칙이다. 즉, Re가 1보다 작으므로 저속의 특징을 갖는 것을 알 수 있다. 항력은 아래와 같이 구해질 수 있다.

$$D(항력) = 3\pi \mu V d \ (단, \ d: 구의 \ 지름, \ V: 구의 \ 낙하 \ 속도)$$

16

[펌프의 상사 법칙]

유량	양정	동력
$\dfrac{Q_2}{Q_1} = \left(\dfrac{N_2}{N_1}\right)\left(\dfrac{D_2}{D_1}\right)^3$	$\dfrac{H_2}{H_1} = \left(\dfrac{N_2}{N_1}\right)^2\left(\dfrac{D_2}{D_1}\right)^2$	$\dfrac{L_2}{L_1} = \left(\dfrac{N_2}{N_1}\right)^3\left(\dfrac{D_2}{D_1}\right)^5$

➡ 회전수(N)가 2배가 되었으므로 동력은 2^3배가 되며, 양정은 2^2배가 된다.

참고

[송풍기의 상사 법칙] (단, ρ: 밀도)

풍량(유량)	압력(양정)	축동력
$\dfrac{Q_2}{Q_1} = \left(\dfrac{N_2}{N_1}\right)\left(\dfrac{D_2}{D_1}\right)^3$	$\dfrac{H_2}{H_1} = \left(\dfrac{N_2}{N_1}\right)^2\left(\dfrac{D_2}{D_1}\right)^2\left(\dfrac{\rho_2}{\rho_1}\right)$	$\dfrac{L_2}{L_1} = \left(\dfrac{N_2}{N_1}\right)^3\left(\dfrac{D_2}{D_1}\right)^5\left(\dfrac{\rho_2}{\rho_1}\right)$

17

풀리가 회전하면 벨트에는 긴장측과 이완측이 발생한다. 긴장측의 장력이 이완측의 장력보다 더 크므로 A와 B 지점에서 장력이 최대가 된다.

18

[다단 압축 냉동 사이클]

- 냉동기 냉매의 증발 온도가 낮아지면 압축비가 커지고 압축기 출구의 증기 냉매 온도가 높아진다. 따라서 체적 효율이 저하되고 냉동 효과가 감소하게 되는데, 이를 방지하고자 냉매 증기를 2~3단으로 나누어 압축한다.
- 압축비가 클 경우 중간 냉각을 하여 압축 끝의 과열도를 낮추고, 소요 동력을 절감시킨다.
- ➡ $P_m = \sqrt[n]{(P_1)(P_2)}$ (단, n: 단수, P_1: 최고 압력, P_2: 최저 압력

19

정답 ④

[2유체 사이클]
- 2가지 이상의 동작 물질(수은−물)을 사용하여 작동 압력을 높이지 않고 작동 유효 온도 범위를 증가시키는 사이클이다.
- 동작 유체로는 수은과 물 또는 냉매와 물이 사용된다. 수은은 고온에서 포화압력이 낮은 이유로 가장 널리 사용된다.
- 고온도에서는 수은을 사용하고 저온도에서는 수증기를 사용하여 먼저 1차적으로 수은 사이클에서 팽창 일을 얻고 수은이 증발하는 잠열로 수증기를 증발시켜 2차적으로 팽창일을 얻어 사이클의 열효율을 증가시킨다.

20

정답 ③

- 전도−퓨리에 법칙
- 복사−스테판 법칙
- 대류−뉴턴 냉각 법칙

21

정답 ④

[알루미늄의 특징]
- 순도가 높을수록 연하며, 변태점이 없다.
- 유동성이 작고 수축률이 크다.
- 산, 알칼리, 염기성에 약하다.
- 드로잉 재료, 다이캐스팅 재료, 자동차 구조용 재료로 사용한다.
- 전연성이 우수하며, 열과 전기가 잘 통한다.
- 같은 부피이면 강보다 가볍다.(비중 2.7)
- 공기 중에서 산화 피막을 발생시켜 내식성이 우수하다.

※ 융점 이외에 변태점이 없는 대표적 금속: 구리, 알루미늄
※ 부식을 방지하기 위한 방법으로 알루미늄에 적용하는 방식법: 크롬산법, 황산법, 수산법

✏️ 암기
(크)~~ (황)(소)다!

22

정답 ②

[체인의 특징]
- 초기 장력을 줄 필요가 없어 정지 시 장력이 작용하지 않고, 베어링에도 하중이 작용하지 않는다.
- 미끄럼이 없어 정확한 속비를 얻으며, 효율이 95 [%] 이상이고, 접촉각은 90도 이상이다.
- 체인의 길이는 조정할 수 있고, 다축 전동이 용이하며, 탄성에 의한 충격을 흡수할 수 있다.

• 유지 및 보수가 용이하지만 소음과 진동이 발생하고, 고속 회전은 부적당하며, 윤활이 필요하다.

23
정답 ④

리졸버: 회전각과 위치의 검출기로서, 모터의 피드백 센서로 주로 사용된다.

24
정답 ②

웜기어는 회전 운동을 직선 운동으로 변화시킬 수 없다.

[회전 운동 → 직선 운동으로 변환]
캠과 캠기구, 크랭크와 슬라이더 기구, 랙과 피니언 등

25
정답 ④

• 결합용 나사: 부품 체결
• 운동용 나사: 힘, 동력의 전달
• 둥근 나사: 운동용 나사의 일종
• 계측용 나사: 회전 변위를 직선 변위로 변환 및 확대시키는 데 사용

26
정답 ②

• 모양 공차(형상 공차): 진원도, 원통도, 진직도, 평면도 [데이텀이 필요 없는 공차]
• 자세 공차: 직각도, 경사도, 평행도

27
정답 ③

• 유속 측정: 피토관, 피토 정압관, 레이저 도플러 유속계, 시차 액주계 등
• 유량 측정: 벤츄리미터, 유동 노즐, 오리피스, 로타미터, 위어 등

※ 시차 액주계: 피에조미터와 피토관을 조합하여 유속을 측정
※ 위어: 개수로의 유량 측정
※ 벤츄리미터, 노즐, 오리피스: 압력 강하가 발생하여 그것으로 유량을 측정

28
정답 ④

$D = mZ$ (단, D: 피치원 지름, m: 모듈, Z: 잇수)
➡ $D = mZ \rightarrow 400 = m \times 20 \rightarrow m = 20$

29

- 누셀 수가 클수록 대류열 전달이 크다.
- 비오트 수가 작을수록 집중계에 가깝다.
- 레일리 수는 자연 대류에서 강도를 판별해 주거나 유체층 속에서 열대류가 일어나는지의 여부를 결정해 주는 매우 중요한 무차원 수
- 그라쇼프 수는 온도 차에 의한 부력이 속도 및 온도 분포에 미치는 영향을 나타내거나 자연 대류에 의한 전열 현상에 있어서 매우 중요한 무차원 수이다.

30

- 버핑: 직물, 가죽, 고무 등으로 제작된 부드러운 회전 원반에 연삭 입자를 접착제로 고정 또는 반고정 부착시킨 상태에서 고속 회전시키고, 여기에 공작물을 밀어 붙여 아주 작은 양의 금속을 제거함으로써 가공면을 다듬질하는 가공 방법으로, 치수 정밀도는 우수하지 않지만 간단한 설비로 쉽게 광택이 있는 매끈한 면을 만들 수 있어 도금한 제품의 광택내기에 주로 사용된다.
- 슈퍼피니싱: 치수 변화 목적보다는 고정밀도를 목적으로 하는 가공법으로, 공작물의 표면에 입도가 고운 숫돌을 가벼운 압력으로 눌러 좌우로 진동시키면서 공작물에는 회전 이송 운동을 주어 공작물 표면을 다듬질하는 방법이다. 그리고 방향성 없는 표면을 단시간에 얻을 수 있다.
- 방전 가공: 두 전극 사이에 방전을 일으킬 때 생기는 물리적, 기계적 작용을 이용해서 가공하는 방법으로, 일반적으로 금속 재질에 대한 구멍 파기, 특수 모양의 가공에는 스파크 가공이, 금속 절단에는 아크 가공이, 비금속재의 드릴링에는 코로나 가공이 이용된다. 방전 가공은 재료의 강도에 무관하며, 평면, 입체의 복잡한 형상의 가공이 용이하다. 표면 가공 시 길이 $0.1\sim0.2\,[\mu m\mathrm{Max}]$까지 가공이 가능하며, 열에 의한 표면 변질이 적어 특수 가공에 많이 이용된다.
- 전해 연마: 전기 분해할 때 양극의 금속 표면에 미세한 볼록 부분이 다른 표면 부분에 비해 선택적으로 용해되는 것을 이용한 금속 연마법이다. 연마하려는 금속을 양극으로 하고, 전해액 속에서 고전류 밀도로 단시간에 전해하면 금속 표면의 더러움이 없어지고 볼록 부분이 용해되므로 기계 연마에 비해 이물질이 부착되지 않고 보다 평활한 면을 얻는다. 전기 도금의 예비 처리에 많이 사용되며, 정밀기계 부품, 화학 장치 부품, 주사침과 같은 금속 및 합금 제품에 응용된다.

31

[열역학 법칙]

- 열역학 제0법칙: 고온 물체와 저온 물체가 만나면 열교환을 통해 결국 온도가 같아진다. 즉, 열평형에 대한 법칙으로 온도계 원리와 관련이 있는 법칙이다.
- 열역학 제1법칙: 에너지는 여러 형태를 취하지만 총 에너지양은 일정하다. 즉, 에너지 보존 법칙과 관련이 있는 법칙으로, 열은 일로 일은 열로 변환이 가능하다. 또한, 열효율이 $100\,[\%]$ 이상인 기관은 존재할 수 없다.
- 열역학 제2법칙: 하나의 열원에서 얻어진 열을 모두 일로 바꾸는 기관은 존재하지 않는다. 비가역을 명시하며, 절대 눈금을 정의하는 법칙이다. 또한, 열효율이 $100\,[\%]$인 기관은 존재할 수 없다. 또한, 엔트로피를 정의하며, 에너지의 방향성을 나타내는 법칙이다.

• **열역학 제3법칙**: 절대 0도에 가까워질수록 계의 엔트로피도 0에 수렴한다.

32

$$v = \frac{\pi DN}{60 \times 1,000} = \frac{3.14 \times 1000 \times 500}{60,000} \fallingdotseq 26.17 \, [\text{m/s}]$$

$$\therefore H_{\text{KW}} = \frac{\mu P v}{100} = \frac{0.2 \times 200 \times 26.17}{1000} \fallingdotseq 1.05 \, [\text{kW}]$$

33

[코터의 기울기]
• 보통 : 1/20
• 반영구적인 것: 1/100
• 분해하기 쉬운 것: 1/5~1/10

34

• **담금질(퀜칭)**: 재질을 경화, 마텐자이트 조직을 얻기 위한 열처리
• **뜨임(템퍼링, 소려)**: 담금질한 강은 경도가 크나 취성을 가지므로 경도가 다소 저하되더라도 인성을 증가 시키기 위해 A1 변태점 이하에서 재가열하여 냉각시키는 열처리(강인성 부여)
• **풀림(어닐링, 소둔)**: A1 또는 A3 변태점 이상으로 가열하여 냉각시키는 열처리로, 내부 응력을 제거하며, 재질의 연화를 목적으로 하는 열처리(노 안에서 냉각＝노냉 처리를 한다.)
• **불림(노멀라이징, 소준)**: A3, Acm보다 30~50 [℃] 높게 가열 후 공냉하여 미세한 소르바이트 조직을 얻 는 열처리로 결정 조직의 표준화와 조직의 미세화 및 내부 응력을 제거

35

• **침탄법**: 0.2 [%] 이하의 저탄소강을 침탄제 속에 묻고 가열하여 그 표면에 탄소(C)를 침입시키는 방법 으로, 내마모성, 인성, 기계적 성질을 개선할 수 있다.

[침탄법의 종류]
• **고체 침탄법**: 목탄, 골탄, 코크스 등의 침탄제 60 [%]와 촉진제인 탄산바륨($BaCo_3$) 40 [%]를 혼합하여 일정 시간 가열 후 담금질하여 경화시킨다.
• **가스 침탄법**: 탄화수소계 가스를 사용한 침탄법으로, 촉매제는 N를 사용하며, 침탄 깊이를 증가시키기 위해 Mn을 첨가하기도 한다.
• **청화법(침탄 질화법＝시안화법＝청화법)**: 시안화칼륨(KCN), 시안화나트륨(NaCN)을 600~900 [℃]로 용해시킨 염욕 중에 제품을 일정 시간 넣어두어 C와 N가 강의 표면으로 들어가는 표면 경화법이다. 즉, 침탄과 질화가 동시에 이루어진다.

36

- **트루잉**: 나사와 기어의 연삭은 정확한 숫돌 모양이 필요하므로 숫돌의 형상을 수시로 교정해야 하는데, 이 교정 작업을 트루잉이라고 한다.
- **글레이징**: 연삭 숫돌의 결합도가 매우 높으면 자생 작용이 일어나지 않아 숫돌의 입자가 탈락하지 않고 마모에 의해 납작하게 무뎌지는데, 이러한 현상을 글레이징이라고 한다.
- **로딩**: 결합도가 높은 숫돌에 구리와 같이 연한 금속을 연삭하면 숫돌 입자 사이에 또는 기공에 칩이 끼어 연삭이 불량해지는데, 이러한 현상을 로딩이라고 한다.
- **입자 탈락(쉐딩, 스필링)**: 숫돌 입자가 작은 절삭력에 의해 쉽게 탈락하는 현상을 말한다.
- **드레싱**: 로딩, 글레이징 등이 발생하면 연삭이 불량해지므로 드레서라는 공구를 사용하여 연삭 숫돌 표면을 벗겨 자생 작용을 시킴으로써 새로운 예리한 입자를 표면에 돌출시키는 작업을 말한다.

37

[축의 종류]
- **차축**: 차축은 일반적으로 굽힘 모멘트를 받으며 동력을 전달하지 않는 축이다. 또한, 용도는 자동차의 차축이나 전동차 등에 사용되며, 회전 차축과 정지 차축으로 구분된다.
- **스핀들축**: 기계 내부에 장치된 소형 회전축으로, 형상 치수가 정밀하며, 주로 비틀림을 받으며, 약간의 굽힘을 받는 축으로 동력을 전달시킨다. 주로 선반, 밀링머신 등 공작기계 주축 등에 사용된다.
- **전동축**: 주로 비틀림과 굽힘 하중을 동시에 받아 동력을 전달하는 회전축으로 일반 공장에서 사용된다.

38

스테인리스강(STS): 탄소 공구강에 Ni 또는 Cr을 다량으로 함유하고 있는 합금이다. 이 중에서 Cr을 가장 많이 함유하고 있다.
※ Cr 12 [%] 이상인 강을 스테인리스강이라고 하며, Cr 12 [%] 이하인 강을 내식강이라고 한다.

[스테인리스강의 분류]
- 페라이트계 스테인리스강: Cr계
- 마텐자이트계 스테인리스강: Cr계
- 오스테나이트계 스테인리스강: Cr-Ni계로 Cr 18 [%]-Ni 8 [%]를 함유=18-8형 STS강

39

[베어링의 안지름 번호]

안지름 번호	00	01	02	03	04
안지름	10 [mm]	12 [mm]	15 [mm]	17 [mm]	20 [mm]

04부터는 안지름 번호에 ×5를 하면 된다.

베어링 608은 안지름 번호 일의 자리이다. 따라서 0~9는 그대로 안지름 mm로 해석한다. 즉, 베어링 608의 안지름은 8 [mm]이다.

40

압력각	기준 조건
$\alpha \leq 30°$	• 캠의 회전수가 100 [rpm] 이상인 고속 회전일 때 • 종동절에 큰 하중이 작용할 때
$\alpha \geq 45°$	• 캠의 회전수가 100 [rpm] 이하인 저속 회전일 때 • 종동절이 흔들이 운동을 할 때

참고

일반적으로 압력각이 커지면 캠의 경사가 심해지고 종동절을 옆으로 미는 축추력이 커진다. 따라서 종동절의 운동에 미치는 영향을 줄이기 위해 통상적으로 압력각은 30도 이내로 제한한다.

41

• 신속 조형법(쾌속 조형법): 3차원 형상 모델링으로 그린 제품 설계 데이터를 사용하여 제품 제작 전에 실물 크기 모양의 입체 형상을 신속하고 경제적인 방법으로 제작하는 방법을 말한다.

[신속 조형법의 종류]
• 광조형법(SLA, Stereolithography): 액체 상태의 광경화성 수지에 레이저 빔을 부분적으로 쏘아 적층해 나가는 방법으로, 큰 부품 처리가 가능하다. 또한, 정밀도가 높고 액체 재료이기 때문에 후처리가 필요하다.
• 융해 용착법(FDM, Fused Deposition Molding): 열가소성인 필라멘트 선으로 된 열가소성 일감을 노즐 안에서 가열하여 용해하고 이를 짜내어 조형 면에 쌓아 올려 제품을 만드는 방법이다.
• 선택적 레이저 소결법(SLS, Selective Laser Sintering): 금속 분말 가루나 고분자 재료를 한 층씩 도포한 후 여기에 레이저빔을 쏘아 소결시키고 다시 한 층씩 쌓아 올려 형상을 만드는 방법이다.
• 3차원 인쇄(3DP, Three Dimentional Printing): 분말 가루와 접착제를 뿌리면서 형상을 만드는 방법으로 3D 프린터를 생각하면 된다.
• 박판 적층법(LOM, Laminated Object Manufacturing): 가공하고자 하는 단면에 레이저빔을 부분적으로 쏘아 절단하고 종이의 뒷면에 부착된 접착제를 사용하여 아래층과 압착시키고 한 층씩 적층해 나가는 방법이다.

※ 초기 재료가 분말 형태인 신속 조형 방법: 선택적 레이저 소결법, 3차원 인쇄

42

• 스폿페이싱: 볼트나 너트 등을 고정할 때 접촉부가 안정되게 하기 위해 자리를 만드는 것
• 리밍: 드릴로 뚫은 구멍을 정밀하게 다듬는 작업으로 10 [mm]당 0.05 [mm]의 가공 여유를 준다.
• 보링: 이미 뚫은 구멍의 내경을 넓히는 작업

- **카운터싱킹**: 접시머리나사의 머리부를 묻히게 하기 위해 원뿔자리를 만드는 작업
- **카운터보링**: 작은나사, 둥근 머리 볼트의 머리 부분이 공작물에 묻힐 수 있도록 단이 있는 구멍을 뚫는 작업
- **태핑**: 탭을 이용하여 암나사를 가공하는 작업
- **드릴링**: 드릴을 사용하여 구멍을 뚫는 작업

43　　　　정답 ③

★**치핑**: 절삭 날의 강도가 절삭 저항에 견디지 못하고 날 끝이 탈락되는 현상

44　　　　정답 ①

베어링 종류	볼 베어링	롤러 베어링
수명 시간	$L_h = 500 f_h^{3}$	$L_h = 500 f_h^{\frac{10}{3}}$
수명 계수	$f_h = f_n \dfrac{C}{P}$	$f_h = f_n \dfrac{C}{P}$
속도 계수	$f_n = \left(\dfrac{33.3}{N}\right)^{\frac{1}{3}}$	$f_n = \left(\dfrac{33.3}{N}\right)^{\frac{3}{10}}$

(단, P: 베어링 하중, C: 기본 동적 부하 용량)

볼 베어링: $r = 3$, 롤러 베어링: $r = 10/3$

➡ L_h(수명 시간) $= 500 \left(\dfrac{C}{P}\right)^{r} \times \dfrac{33.3}{N} = 500 \times \left(\dfrac{1000}{500}\right)^{r} \times \dfrac{33.3}{500} ≒ 266$시간

45　　　　정답 ④

$Q = AV = \dfrac{1}{4}\pi d^2 V$ 에서 $Q = AV = \dfrac{1}{4}\pi d^2 V \rightarrow V = \dfrac{4Q}{\pi d^2}$ 이 도출된다.

따라서 원관의 지름을 3배로 변경하면 $V ≈ \dfrac{1}{d^2}$ 이므로 V는 $\dfrac{1}{9}$ 배가 된다.

46　　　　정답 ④

피복제가 용접열에 녹아 유동성이 있는 보호막이 바로 용제이다. 용제가 용접부를 덮어 대기 중의 산소를 차단시켜 산화물 등의 불순물 생성을 억제해 준다. 따라서 피복제도 녹으면서 대기와의 접촉을 차단하기 때문에 냉각 속도를 지연시켜 주는 역할을 한다.

[피복제의 역할]
탈산 정련 작용, 전기 절연 작용, 합금 원소 첨가, 슬래그 제거, 아크 안정, 용착 효율을 높인다, 산회/질화 방지, 용착 금속의 냉각 속도 지연 등

47

정답 ①

• **불변강(고니켈강)**: 온도가 변해도 탄성률, 선팽창 계수가 변하지 않는 강

[불변강의 종류]
• **인바**: Fe-Ni 36 [%]로 선팽창 계수가 작다. 즉, 길이의 불변강이다. 용도는 줄자, 시계의 추, 표준자, 온도 조절용 바이메탈로 사용된다.
• **플래티나이트**: Fe-Ni 44 [%]~48 [%]로 열팽창 계수가 백금과 유리와 비슷하며, 용도는 전구의 도입선으로 사용된다.
• **엘린바**: Fe-Ni 36 [%]-Cr 12 [%]로 탄성률이 변하지 않는 강이며, 고급 시계, 정밀 기계, 정밀 저울 스프링 등에 사용된다.
• **초인바**: 인바보다 선팽창 계수가 더 작은 길이의 초불변강이다.
• **코엘린바**: 엘린바에 코발트(Co)를 첨가한 불변강이다.

48

정답 ③

• **절삭 저항**: 절삭 시 바이트에 전해지는 힘의 총칭이다.

[절삭 저항의 3분력]
주분력, 배분력, 이송 분력(횡분력)이 있다.

• **주분력**: 회전축과 직각 방향의 분력(절삭 방향의 분력)으로 주절삭 저항이며, 일반적으로 절삭 속도는 이 방향의 속도를 말하고, 전체 절삭 저항의 대부분을 차지한다.
• **배분력**: 일감의 회전 방향에 대한 분력이며, 절삭 깊이 방향의 분력이다. 대체적으로 주분력의 약 20~40 [%] 정도이다.
• **이송 분력(횡분력)**: 일감의 회전 중심 방향의 분력(이송 방향 분력)으로 대체적으로 주분력의 약 10~20 [%] 정도이다.

49

정답 ④

• **언더컷**: 이의 간섭은 큰 기어의 이 끝이 피니언의 이뿌리와 부딪쳐서 발생하는 현상이고, 언더컷은 이의 간섭이 계속되어 피니언의 이뿌리를 파내 이의 강도와 물림률을 저하시킨다. 또한, 피니언의 이뿌리 부분이 패여 가늘어져 약해지며, 유효한 접촉 면적이 좁아져 원활히 회전할 수 없게 된다.

[언더컷을 방지하는 방법]
• 이의 높이를 낮추며 전위 기어를 사용한다.
• 압력각을 크게 하고, 한계잇수 이상으로 한다.

참고 ....
이의 간섭의 업그레이드 현상이므로 방지하는 방법이 비슷하다.

$$Zg(\text{한계잇수 } x) \geq \frac{2a}{m\sin^2\alpha} \quad (\text{여기서 } a: \text{이뿌리 높이}, \ m: \text{모듈}, \ \alpha: \text{압력각})$$

50

정답 ②

P, U, X는 G04(일시 정지＝Dwell) 지령을 위한 주소로 사용된다.

예 0.5초 동안 일시 정지시키고자 할 때 G04 P500＝G04×0.5＝G04 U0.5

[주소 의미 중에서 자주 출제되는 것]

G00	위치 보간	G01	직선 보간	G02	원호 보간(시계)
G03	원호 보간(반시계)	G04	일시 정지(휴지 상태)	G32	나사 절삭 기능
M03	주축 정회전	M04	주축 역회전	M06	공구 교환
M08	절삭유 공급 on	M09	절삭유 공급 off		

코드	종류	기능
G코드	★준비 기능	주요 제어 장치들의 사용을 위해 공구를 준비시키는 기능
M코드	★보조 기능	부수 장치들의 동작을 실행하기 위한 것으로 주로 ON/OFF 기능
F코드	★이송 기능	절삭을 위한 공구의 이송 속도 지령
S코드	★주축 기능	주축의 회전수 및 절삭 속도 지령
T코드	★공구 기능	공구 준비 및 공구 교체, 보정 및 오프셋 량 지령

Truth of Machine

부 록

01 꼭 알아야 할 필수 내용

1 기계 위험점 6가지

① 절단점
  회전하는 운동부 자체, 운동하는 기계 부분 자체의 위험점(날, 커터)

② 물림점
  회전하는 2개의 회전체에 물려 들어가는 위험점(롤러기기)

③ 협착점
  왕복 운동 부분과 고정 부분 사이에 형성되는 위험점(프레스, 창문)

④ 끼임점
  고정 부분과 회전하는 부분 사이에 형성되는 위험점(연삭기)

⑤ 접선 물림점
  회전하는 부분의 접선 방향으로 물려 들어가는 위험점(밸트-풀리)

⑥ 회전 말림점
  회전하는 물체에 머리카락이나 작업봉 등이 말려 들어가는 위험점

② 기호

• 밸브 기호

	일반밸브		게이트밸브
	체크밸브		체크밸브
	볼밸브		글로브밸브
	안전밸브		앵글밸브
	팽창밸브		일반 콕

• 배관 이음 기호

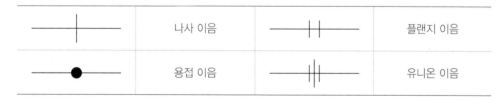

	나사 이음		플랜지 이음
	용접 이음		유니온 이음

3 신축 이음

관 속 유체의 온도 변화에 따라 배관이 열팽창 또는 수축하는데, 이를 흡수하기 위해 신축 이음을 설치한다. 따라서 직선 길이가 긴 배관에서는 배관의 도중에 일정 길이마다 신축 이음쇠를 설치한다.

❖ 신축 이음의 종류

① 슬리브형(미끄러짐형): 단식과 복식이 있고 물, 증기, 가스, 기름, 공기 등의 배관에 사용한다. 이음쇠 본체와 슬리브 파이프로 구성되어 있으며, 관의 팽창 및 수축은 본체 속을 미끄러지는 이음쇠 파이프에 의해 흡수된다. 특징으로는 신축량이 크고, 신축으로 인한 응력이 발생하지 않는다. 직선 이음으로 설치 공간이 작다. 배관에 곡선 부분이 있으면 신축 이음재에 비틀림이 생겨 파손의 원인이 된다. 장시간 사용 시 패킹재의 마모로 누수의 원인이 된다.

② 벨로우즈형(팩레스 이음): 벨로우즈의 변형으로 신축을 흡수한다. 설치 공간이 작고 자체 응력 및 누설이 없다는 특징이 있다. 보통 벨로우즈의 재질은 부식이 되지 않는 황동이나 스테인리스강을 사용한다. 고온 배관에는 부적당하다.

③ 루프형(신축 곡관형): 고온, 고압의 옥외 배관에 사용하는 신축 곡관으로 강관 또는 동관을 루프 모양으로 구부려 배관의 신축을 흡수한다. 즉, 관 자체의 가요성을 이용한 것이다. 설치 공간이 크고, 고온 고압의 옥외 배관에 많이 사용한다. 자체 응력이 발생하지만, 누설이 없다. 곡률 반경은 관경의 6배이다.

④ 스위블형: 증기, 온수 난방에 주로 사용하는 스위블형은 2개 이상의 엘보를 사용하여 이음부 나사의 회전을 이용해 신축을 흡수한다. 쉽게 설치할 수 있고, 굴곡부에 압력이 강하게 생긴다. 신축성이 큰 배관에는 누설 염려가 있다.

⑤ 볼조인트형: 증기, 물, 기름 등의 배관에서 사용되는 볼조인트형은 볼조인트 신축 이음쇠와 오프셋 배관을 이용해서 관의 신축을 흡수한다. 2차원 평면상의 변위와 3차원 입체적인 변위까지 흡수하고, 어떤 형태의 변위에도 배관이 안전하고 설치 공간이 작다.

⑥ 플랙시블 튜브형: 가요관이라고 하며, 배관에서 진동 및 신축을 흡수한다. 구체적으로 플렉시블 튜브는 인청동 및 스테인리스강의 가늘고 긴 벨로즈의 바깥을 탄성력이 풍부한 철망, 구리망 등으로 피복하여 보강한 것으로, 배관 중 편심이 심하거나 진동을 흡수할 목적으로 사용된다.

❖ 신축 허용 길이가 큰 순서

> 루프형 > 슬리브형 > 벨로우즈형 > 스위블형

4 관 이음쇠 종류

① 관을 도중에서 분기할 때

Y배관, 티, 크로스티

② 배관 방향을 전환할 때

엘보, 밴드

③ 같은 지름의 관을 직선 연결할 때

소켓, 니플, 플랜지, 유니온

④ 이경관을 연결할 때

이경티, 이경엘보, 부싱, 레듀셔

※ 이경관: 지름이 서로 다른 관과 관을 접속하는 데 사용하는 관 이음쇠

⑤ 관의 끝을 막을 때

플러그, 캡

⑥ 이종 금속관을 연결할 때

CM어댑터, SUS소켓, PB소켓, 링 조인트 소켓

수격 현상(워터 헤머링)

배관 속 유체의 흐름을 급히 차단시켰을 때 유체의 운동에너지가 압력에너지로 전환되면서 배관 내에 탄성파가 왕복하게 된다. 이에 따라 배관이 파손될 수 있다.

❖ **원인**

• 펌프가 갑자기 정지될 때

• 급히 밸브를 개폐할 때

• 정상 운전 시 유체의 압력에 변동이 생길 때

❖ **방지**

• 관로의 직경을 크게 한다.

• 관로 내의 유속을 낮게 한다(유속은 1.5~2m/s로 보통 유지).

• 관로에서 일부 고압수를 방출한다.

• 조압 수조를 관선에 설치하여 적정 압력을 유지한다.
 (부압 발생 장소에 공기를 자동적으로 흡입시켜 이상 부압을 경감한다.)

• 펌프에 플라이 휠을 설치하여 펌프의 속도가 급격하게 변화하는 것을 막는다.
 (관성을 증가시켜 회전수와 관 내 유속의 변화를 느리게 한다.)

• 펌프 송출구 가까이에 밸브를 설치한다.
 (펌프 송출구에 수격을 방지하는 체크밸브를 달아 역류를 막는다.)

• 에어챔버를 설치하여 축적하고 있는 압력에너지를 방출한다.

• 펌프의 속도가 급격히 변하는 것을 방지한다(회전체의 관성 모멘트를 크게 한다.).

6 공동 현상(캐비테이션)

펌프의 흡입측 배관 내의 물의 정압이 기존의 증기압보다 낮아져서 기포가 발생되는 현상으로, 펌프와 흡수면 사이의 수직 거리가 너무 길 때 관 속을 유동하고 있는 물속의 어느 부분이 고온일 수록 포화 증기압에 비례하여 상승할 때 발생한다.

• 소음과 진동 발생, 관 부식, 임펠러 손상, 펌프의 성능 저하를 유발한다.

• 양정 곡선과 효율 곡선의 저하, 깃의 침식, 펌프 효율 저하, 심한 충격을 발생시킨다.

❖ 방지

• 실양정이 크게 변동해도 토출량이 과대하게 증가하지 않도록 주의한다.

• 스톱밸브를 지양하고, 슬루스밸브를 사용하며, 펌프의 흡입 수두를 작게 한다.

• 유속을 3.5m/s 이하로 유지시키고, 펌프의 설치 위치를 낮춘다.

• 마찰 저항이 작은 흡인관을 사용하여 흡입관 손실을 줄인다.

• 펌프의 임펠러 속도(회전수)를 작게 한다(흡입 비교 회전도를 낮춘다.).

• 펌프의 설치 위치를 수원보다 낮게 한다.

• 양흡입 펌프를 사용한다(펌프의 흡입측을 가압한다.).

• 관 내 물의 정압을 그때의 증기압보다 높게 한다.

• 흡입관의 구경을 크게 하며, 배관을 완만하고 짧게 한다.

• 펌프를 2개 이상 설치한다.

• 유압 회로에서 기름의 정도는 800ct를 넘지 않아야 한다.

• 압축 펌프를 사용하고, 회전차를 수중에 완전히 잠기게 한다.

맥동 현상(서징 현상)

펌프, 송풍기 등이 운전 중 한숨을 쉬는 것과 같은 상태가 되어 펌프인 경우 입구와 출구의 진공계, 압력계의 지침이 흔들리고 동시에 송출 유량이 변화하는 현상이다. 즉, 송출 압력과 송출 유량 사이에 주기적인 변동이 발생하는 현상이다.

❖ 원인

• 펌프의 양정 곡선이 산고 곡선이고, 곡선의 산고 상승부에서 운전했을 때

• 배관 중에 수조가 있을 때 또는 기체 상태의 부분이 있을 때

• 유량 조절 밸브가 탱크 뒤쪽에 있을 때

• 배관 중에 물탱크나 공기탱크가 있을 때

❖ 방지

• 바이패스 관로를 설치하여 운전점이 항상 우향 하강 특성이 되도록 한다.

• 우향 하강 특성을 가진 펌프를 사용한다.

• 유량 조절 밸브를 기체 상태가 존재하는 부분의 상류에 설치한다.

• 송출측에 바이패스를 설치하여 펌프로 송출한 물의 일부를 흡입측으로 되돌려 소요량만큼 전방으로 송출한다.

⑧ 축 추력

단흡입 회전차에 있어 전면 측벽과 후면 측벽에 작용하는 정압에 차이가 생기기 때문에 축 방향으로 힘이 작용하게 된다. 이것을 축 추력이라고 한다.

❖ 축 추력 방지법

• 양흡입형의 회전차를 사용한다.

• 평형공을 설치한다

• 후면 측벽에 방사상의 리브를 설치한다.

• 스러스트베어링을 설치하여 축추력을 방지한다.

• 다단 펌프에서는 단수만큼의 회전차를 반대 방향으로 배열하여 자기 평형시킨다.

• 평형 원판을 사용한다.

9 증기압

어떤 물질이 일정한 온도에서 열평형 상태가 되는 증기의 압력

- 증기압이 클수록 증발하는 속도가 빠르다.

- 분자의 운동이 커지면 증기압이 증가한다.

- 증기 분자의 질량이 작을수록 큰 증기압을 나타내는 경향이 있다.

- 기압계에 수은을 이용하는 것이 적합한 이유는 증기압이 낮기 때문이다.

- 쉽게 증발하는 휘발성 액체는 증기압이 높다.

- 증기압은 밀폐된 용기 내의 액체 표면을 탈출하는 증기의 양이 액체 속으로 재침투하는 증기의 양과 같을 때의 압력이다.

- 유동하는 액체 내부에서 압력이 증기압보다 낮아지면 액체가 기화하는 공동 현상이 발생한다.

- 액체의 온도가 상승하면 증기압이 증가한다.

- 증발과 응축이 평형상태일 때의 압력을 포화증기압이라고 한다.

냉동 능력, 미국 냉동톤, 제빙톤, 냉각톤, 보일러 마력

① 냉동 능력
　단위 시간에 증발기에서 흡수하는 열량을 냉동 능력[kcal/hr]
　• 냉동 효과: 증발기에서 냉매 1kg이 흡수하는 열량
　• 1냉동톤(냉동 능력의 단위): 0도의 물 1톤을 24시간 이내에 0도의 얼음으로 바꾸는 데 제거
　　해야 할 열량 및 그 능력

② 1USRT
　32°F의 물 1톤(2,000lb)을 24시간 동안에 32°F의 얼음으로 만드는 데 제거해야 할 열량 및 그
　능력
　• 1미국 냉동톤(USRT): 3,024kcal/hr

③ 제빙톤
　25℃의 물 1톤을 24시간 동안에 −9℃의 얼음으로 만드는 데 제거해야 할 열량 또는 그 능력
　(열손실은 20%로 가산한다)
　• 1제빙톤: 1.65RT

④ 냉각톤
　냉동기의 냉동 능력 1USRT당 응축기에서 제거해야 할 열량으로, 이때 압축기에서 가하는 엔
　탈피를 860kcal/hr라고 가정한다.
　• 1 CRT: 3,884kcal/hr

⑤ 1보일러 마력
　100℃의 물 15.65kg을 1시간 이내에 100℃의 증기로 만드는 데 필요한 열량
　• 100℃의 물에서 100℃의 증기까지 만드는 데 필요한 증발 잠열: 539kcal/kg
　• 1보일러 마력: 539×15.65=8435.35kcal/hr

❖ 용빙조: 얼음을 약간 녹여 탈빙하는 과정
❖ 얼음의 융해열: 0℃ 물 → 0℃ 얼음 또는 0℃ 얼음 → 0℃ 물 (79.68kcal/kg)

열전달 방법

두 물체의 온도가 평형이 될 때까지 고온에서 저온으로 열이 이동하는 현상이 열전달이다.

전도
물체가 접촉되어 있을 때 온도가 높은 물체의 분자 운동이 충돌이라는 과정을 통해 분자 운동이 느린 분자를 빠르게 운동시킨다. 즉, 열이 물체 속을 이동하는 일이다. 결국 고체 속 분자들의 충돌로 열을 전달시킨다(열전도도 순서는 고체, 액체, 기체의 순으로 작게 된다.).
• 고체 물체 내에서 발생하는 유일한 열전달이며, 고체, 액체, 기체에서 모두 발생할 수 있다.
• 철봉 한쪽을 가열하면 반대쪽까지 데워지는 것을 전도라고 한다.
• 매개체인 고체 물질, 즉 매질이 있어야 열이 이동할 수 있다.
• $Q=KA\left(\dfrac{dT}{dx}\right)$ (단, x: 벽 두께, K: 열전도계수, dT: 온도차)

대류
물질이 열을 가지고 이동하여 열을 전달하는 것이다.
• 라면을 끓일 때 냄비의 물을 가열하는 것, 방 안의 공기가 뜨거워지는 것
• 액체 또는 기체 상태의 물질이 열을 받으면 운동이 빨라지고 부피가 팽창하여 밀도가 작아진다. 상대적으로 가벼워지면서 상승하고, 반대로 위에 있던 물질은 상대적으로 밀도가 커 내려오는 현상을 말한다. 즉, 대류의 원인은 밀도차이다.
• $Q=hA(T_w-T_f)$ (단, h: 열대류 계수, A: 면적, T_w: 벽 온도, T_f: 유체의 온도)

복사
전자기파에 의해 열이 매질을 통하지 않고 고온 물체에서 저온 물체로 직접 열이 전달되는 현상이다. 그리고 온도차가 클수록 이동하는 열이 크다.
• 액체나 기체라는 매질 없이 바로 열만 이동하는 현상
• 태양열이 대표적 예이며, 태양열은 공기라는 매질 없이 지구에 도달한다. 즉, 우주 공간은 공기가 존재하지 않지만 지구의 표면까지 도달한다.

❖ 보온병의 원리
• 열을 차단하여 보온병의 물질 온도를 유지시킨다. 즉, 단열이다(열 차단).
• 열을 차단하여 단열한다는 것은 전도, 대류, 복사를 모두 막는 것이다.
① 보온병 속 유리로 된 이중벽이 진공 상태를 유지하므로 대류로 인한 열 출입이 없다.
② 유리병의 고정 지지대는 단열 물질로 만들어져 있다.
③ 보온병 내부는 은도금을 하여 복사에 의한 열을 최대한 줄인다.
④ 보온병의 겉부분은 금속이나 플라스틱 재질로 열전도율을 최소화시킨다.
⑤ 보온병의 마개는 단열 재료로 플라스틱 재질을 사용한다.

12 무차원 수

레이놀즈 수	관성력 / 점성력	누셀 수	대류계수 / 전도계수
프루드 수	관성력 / 중력	비오트 수	대류열전달 / 열전도
마하 수	속도 / 음속, 관성력 / 탄성력	슈미트 수	운동량계수 / 물질전달계수
코시 수	관성력 / 탄성력	스토크 수	중력 / 점성력
오일러 수	압축력 / 관성력	푸리에 수	열전도 / 열저장
압력계 수	정압 / 동압	루이스 수	열확산계수 / 질량확산계수
스트라홀 수	진동 / 평균속도	스테판 수	현열 / 잠열
웨버 수	관성력 / 표면장력	그라쇼프스	부력 / 점성력
프란틀 수	소산 / 전도 운동량전달계수 / 열전달계수	본드 수	중력 / 표면장력

- 레이놀즈 수
  층류와 난류를 구분해 주는 척도(파이프, 잠수함, 관 유동 등의 역학적 상사에 적용)

- 프루드 수
  자유 표면을 갖는 유동의 역학적 상사 시험에서 중요한 무차원 수
  (수력 도약, 개수로, 배, 댐, 강에서의 모형 실험 등의 역학적 상사에 적용)

- 마하 수
  풍동 실험의 압축성 유동에서 중요한 무차원 수

- 웨버 수
  물방울의 형성, 기체-액체 또는 비중이 서로 다른 액체-액체의 경계면, 표면 장력, 위어, 오리피스에서 중요한 무차원 수

- 레이놀즈 수와 마하 수
  펌프나 송풍기 등 유체 기계의 역학적 상사에 적용하는 무차원 수

- 그라쇼프 수
  온도 차에 의한 부력이 속도 및 온도 분포에 미치는 영향을 나타내거나 자연 대류에 의한 전열 현상에 있어서 매우 중요한 무차원 수

- 레일리 수
  자연 대류에서 강도를 판별해 주거나 유체층 속에서 열대류가 일어나는지의 여부를 결정해 주는 매우 중요한 무차원 수

하중의 종류, 피로 한도, KS 규격별 기호

❖ 하중의 종류

① 사하중(정하중): 크기와 방향이 일정한 하중
② 동하중(활하중)
- 연행 하중: 일련의 하중(등분포 하중), 기차 레일이 받는 하중
- 반복 하중(편진 하중): 반복적으로 작용하는 하중
- 교번 하중(양진 하중): 하중의 크기와 방향이 계속 바뀌는 하중(가장 위험한 하중)
- 이동 하중: 작용점이 계속 바뀌는 하중(움직이는 자동차)
- 충격 하중: 비교적 짧은 시간에 갑자기 작용하는 하중
- 변동 하중: 주기와 진폭이 바뀌는 하중

❖ 피로 한도에 영향을 주는 요인

① 노치 효과: 재료에 노치를 만들면 피로나 충격과 같은 외력이 작용할 때 집중응력이 발생하여 파괴되기 쉬운 성질을 갖게 된다.
② 치수 효과: 취성 부재의 휨 강도, 인장 강도, 압축 강도, 전단 강도 등이 부재 치수가 증가함에 따라 저하되는 현상이다.
③ 표면 효과: 부재의 표면이 거칠면 피로 한도가 저하되는 현상이다.
④ 압입 효과: 노치의 작용과 내부 응력이 원인이며, 강압 끼워맞춤 등에 의해 피로 한도가 저하되는 현상이다.

❖ KS 규격별 기호

KS A	KS B	KS C	KS D
일반	기계	전기	금속
KS F	KS H	KS W	
토건	식료품	항공	

14 충돌

❖ 반발 계수에 대한 기본 정의

• 반발 계수: 변형의 회복 정도를 나타내는 척도이며, 0과 1 사이의 값이다.

• 반발 계수$(e) = \dfrac{\text{충돌 후 상대 속도}}{\text{충돌 전 상대 속도}} = -\dfrac{V_1' - V_2'}{V_1 - V_2} = \dfrac{V_2' - V_1'}{V_1 - V_2}$

$$\left(\begin{array}{l} V_1\text{: 충돌 전 물체 1의 속도, } V_2\text{: 충돌 전 물체 2의 속도} \\ V_1'\text{: 충돌 후 물체 1의 속도, } V_2'\text{: 충돌 후 물체 2의 속도} \end{array} \right)$$

❖ 충돌의 종류

• 완전 탄성 충돌$(e=1)$

충돌 전후 전체 에너지가 보존된다. 즉, 충돌 전후의 운동량과 운동에너지가 보존된다. (충돌 전후 질점의 속도가 같다.)

• 완전 비탄성 충돌(완전 소성 충돌, $e=0$)

충돌 후 반발되는 것이 전혀 없이 한 덩어리가 되어 충돌 후 두 질점의 속도는 같다. 즉, 충돌 후 상대 속도가 0이므로 반발 계수가 0이 된다. 또한, 전체 운동량은 보존되지만, 운동에너지는 보존되지 않는다.

• 불완전 탄성 충돌(비탄성 충돌, $0 < e < 1$)

운동량은 보존되지만, 운동에너지는 보존되지 않는다.

15 **열역학 법칙**

❖ **열역학 제0법칙 [열평형 법칙]**

물체 A가 B와 서로 열평형 상태에 있다. 그리고 B와 C의 물체도 각각 서로 열평형 상태에 있다. 따라서 결국 A, B, C 모두 열평형 상태에 있다고 볼 수 있다.

❖ **열역학 제1법칙 [에너지 보존 법칙]**

고립된 계의 에너지는 일정하다는 것이다. 에너지는 다른 것으로 전환될 수 있지만 생성되거나 파괴될 수는 없다. 열역학적 의미로는 내부 에너지의 변화가 공급된 열에 일을 **빼준** 값과 동일하다는 말과 같다. 열역학 제1법칙은 제1종 영구 기관이 불가능함을 보여준다.

❖ **열역학 제2법칙 [에너지 변환의 방향성 제시]**

어떤 닫힌계의 엔트로피가 열적 평형 상태에 있지 않다면 엔트로피는 계속 증가해야 한다는 법칙이다. 닫힌계는 점차 열적 평형 상태에 도달하도록 변화한다. 즉, 엔트로피를 최대화하기 위해 계속 변화한다. 열역학 제2법칙은 제2종 영구 기관이 불가능함을 보여준다.

❖ **열역학 제3법칙**

어떤 방법으로도 어떤 계를 절대 온도 0K로 만들 수 없다. 즉, 카르노 사이클 효율에서 저열원의 온도가 0K라면 카르노 사이클 기관의 열효율은 100%가 된다. 하지만 절대 온도 0K는 존재할 수 없으므로 열효율 100%는 불가능하다. 즉, 절대 온도가 0K에 가까워지면, 계의 엔트로피도 0에 가까워진다.

❖ **열역학 제4법칙**

온사게르의 상반 법칙이라고 한다. 즉, 작용이 있으면 반작용이 있다는 것으로, 빛과 그림자에 대한 이야기를 말한다.

이 문제집을 풀면서 **열역학 법칙**에 관해 나온 모든 표현들을

꼭 이해하고 **암기**하길 바랍니다.

16 기타

❖ SI 기본 단위

차원	길이	무게	시간	전류	온도	몰질량	광도
단위	meter	kilogram	second	Ampere	Kelvin	mol	candella
표시	m	kg	s	A	K	mol	cd

❖ 단위의 지수

지수	10^{-24}	10^{-21}	10^{-18}	10^{-15}	10^{-12}	10^{-9}	10^{-6}	10^{-3}	10^{-2}	10^{-1}	10^{0}
접두사	yocto	zepto	atto	fento	pico	nano	micro	mili	centi	deci	
기호	y	z	a	f	p	n	μ	m	c	d	
지수	10^{1}	10^{2}	10^{3}	10^{6}	10^{9}	10^{12}	10^{15}	10^{18}	10^{21}	10^{24}	
접두사	deca	hecto	kilo	mega	giga	tera	peta	exa	zetta	yotta	
기호	da	h	k	M	G	T	P	E	Z	Y	

❖ 온도계의 예

현상	상태 변화	온도계 종류
복사 현상	열복사량	파이로미터(복사 온도계)
물질 상태 변화	물리적 및 화학적 상태	액정 온도계
형상 변화	길이 팽창, 체적 팽창	바이메탈, 이상기체, 유리막대 온도계
전기적 성질 변화	전기 저항 및 기전력	열전대, 서미스터, 저항 온도계

❖ 시스템의 종류

	경계를 통과하는 질량	경계를 통과하는 에너지 / 열과 일
밀폐계(폐쇄계)	×	○
고립계(절연계)	×	×
개방계	○	○

02 Q&A 질의응답

피복제가 정확히 무엇인가요?

용접봉은 심선과 피복제(Flux)로 구성되어 있습니다. 그리고 피복제의 종류는 가스 발생식, 반가스 발생식, 슬래그 생성식이 있습니다.

우선, 용접입열이 가해지면 피복제가 녹으면서 가스 연기가 발생하게 됩니다. 그리고 그 연기가 용접하고 있는 부분을 덮어 대기 중으로부터의 산소와 질소로부터 차단해 주는 역할을 합니다. 따라서 산화물 또는 질화물이 발생하는 것을 방지해 줍니다. 또한, 대기 중으로부터 차단하여 용접 부분을 보호하고, 연기가 용접입열이 빠져나가는 것을 막아 주어 용착 금속의 냉각 속도를 지연시켜 급냉을 방지해 줍니다.

그리고 피복제가 녹아서 생긴 액체 상태의 물질을 용제라고 합니다. 이 용제도 용접부를 덮어 대기 중으로부터 보호하기 때문에 불순물이 용접부에 함유되는 것을 막아 용접 결함이 발생하는 것을 막아 주게 됩니다.

불활성 가스 아크 용접은 아르곤과 헬륨을 용접하는 부분 주위에 공급하여 대기로부터 보호합니다. 즉, 아르곤과 헬륨이 피복제의 역할을 하기 때문에 용제가 필요 없는 것입니다.

※ 용가제: 용접봉과 같은 의미로 보면 됩니다.
※ 피복제의 역할: 탈산 정련 작용, 전기 절연 작용, 합금 원소 첨가, 슬래그 제거, 아크 안정, 용착 효율을 높인다, 산화·질화 방지, 용착 금속의 냉각 속도 지연 등

주철의 특징들을 어떻게 이해하면 될까요?

• 주철의 탄소 함유량 2.11~6.68%부터 시작하겠습니다.

• 탄소 함유량이 2.11~6.68% 이상이므로 용융점이 낮습니다. 우선 순철일수록 원자의 배열이 질서정연하기 때문에 녹이기 어렵습니다. 따라서 상대적으로 탄소 함유량이 많은 주철은 용융점이 낮아 녹이기 쉬워 유동성이 좋고, 이에 따라 주형 틀에 넣고 복잡한 형상으로 주조 가능합니다. 그렇기 때문에 주철이 주물 재료로 많이 사용되는 것입니다. 또한, 주철은 담금질, 뜨임, 단조가 불가능합니다. (✎ 암기: ㄷㄷㄷ ×)

• 탄소 함유량이 많으므로 강, 경도가 큰 대신 취성이 발생합니다. 즉, 인성이 작고 충격값이 작습니다. 따라서 단조 가공 시 헤머로 타격하게 되면 취성에 의해 깨질 위험이 있습니다. 또한, 취성이 있어 가공이 어렵습니다. 가공은 외력을 가해 특정한 모양을 만드는 공정이므로 주철은 외력에 의해 깨지기 쉽기 때문입니다.

• 주철 내의 흑연이 절삭유의 역할을 하므로 주철은 절삭유를 사용하지 않으며, 절삭성이 우수합니다.

• 압축 강도가 우수하여 공작기계의 베드, 브레이크 드럼 등에 사용됩니다.

• 마찰 저항이 우수하며, 마찰차의 재료로 사용됩니다.

• 위에 언급했지만, 탄소 함유량이 많으면 취성이 발생하므로 해머로 두들겨서 가공하는 단조는 외력을 가하는 것이기 때문에 깨질 위험이 있어 단조가 불가능합니다. 그렇다면 단조를 가능하게 하려면 어떻게 해야 할까요? 취성을 줄이면 됩니다. 즉 인성을 증가시키거나 재질을 연화시키는 풀림 처리를 하면 됩니다. 따라서 가단 주철을 만들면 됩니다. 가단 주철이란 보통 주철의 여리고 약한 인성을 개선하기 위해 백주철을 장시간 풀림처리하여 시멘타이트를 소실시켜 연성과 인성을 확보한 주철을 말합니다.

※ 단조를 가능하게 하려면 "가단[단조를 가능하게] 주철을 만들어서 사용하면 됩니다."

마찰차의 원동차 재질이 종동차 재질보다 연한 재질인 이유가 무엇인가요?

마찰차는 직접 전동 장치, 직접적으로 동력을 전달하는 장치입니다.
즉, 원동차는 모터(전동기)로부터 동력을 받아 그 동력을 종동차에 전달합니다.

마찰차의 원동차를 연한 재질로 설계를 해야 모터로부터 과부하의 동력을 받았을 때 연한 재질로써 과부하에 의한 충격을 흡수할 수 있습니다. 만약 경한 재질이라면, 흡수보다는 마찰차가 파손되는 손상을 입거나 베어링에 큰 무리를 주게 됩니다.

결국, 원동차를 연한 재질로 만들어 마찰계수를 높이고 위와 같은 과부하에 의한 충격 등을 흡수하게 됩니다.

또한, 연한 재질뿐만 아니라 마찰차는 이가 없는 원통 형상의 원판을 회전시켜 동력을 전달하는 것이기 때문에 미끄럼이 발생합니다. 이 미끄럼에 의해 과부하에 의한 다른 부분의 손상을 방지할 수도 있다는 점을 챙기면 되겠습니다.

마찰차에서 축과 베어링 사이의 마찰이 커서 동력 손실과 베어링 마멸이 큰 이유는 무엇인가요?

원동차에 연결된 모터가 원동차에 공급하는 에너지를 100이라고 가정하겠습니다. 마찰차는 이가 없이 마찰로 인해 동력을 전달하는 직접 전동 장치이므로 미끄럼이 발생하게 됩니다. 따라서 동력을 전달하는 과정 중에 미끄럼으로 인한 에너지 손실이 발생할텐데, 그 손실된 에너지를 50이라고 가정하겠습니다. 이 손실된 에너지 50이 축과 베어링 사이에 전달되어 축과 베어링 사이의 마찰이 커지게 되고 이에 따라 베어링에 무리를 주게 됩니다.

※ 이가 없는 모든 전동 장치들은 통상적으로 대부분 미끄럼이 발생합니다.
※ 이가 있는 전동 장치(기어 등)는 이와 이가 맞물리기 때문에 미끄럼 없이 일정한 속비를 얻을 수 있습니다.

로딩(눈메움) 현상에 대해 궁금합니다.

로딩이란 기공이나 입자 사이에 연삭 가공에 의해 발생된 칩이 끼는 현상입니다. 따라서 연삭 숫돌의 표면이 무뎌지므로 연삭 능률이 저하되게 됩니다. 이를 개선하려면 드레서 공구로 드레싱을 하여 숫돌의 자생 과정을 시켜 새로운 예리한 숫돌 입자가 표면에 나올 수 있도록 유도하면 됩니다. 그렇다면, 로딩 현상의 원인을 알아보도록 하겠습니다.

김치찌개를 드시고 있다고 가정하겠습니다. 너무 맛있게 먹었기 때문에 이빨 틈새에 고춧가루가 끼겠습니다. '이빨 사이의 틈새＝입자들의 틈새'라고 보시면 됩니다.

이빨 틈새가 크다면 고춧가루가 끼지 않고 쉽게 통과하여 지나갈 것입니다. 하지만 이빨 사이의 틈새가 좁은 사람이라면, 고춧가루가 한 번 끼면 잘 빠지지도 않아 이쑤시개로 빼야 할 것입니다. 이것이 로딩입니다. 따라서 로딩은 조직이 미세하거나 치밀할 때 발생하게 됩니다. 또한, 원주 속도가 느릴 경우에는 입자 사이에 낀 칩이 잘 빠지지 않습니다. 원주 속도가 빨라야 입자 사이에 낀 칩이 원심력에 의해 밖으로 빠져나가 분리가 잘 되겠죠?

그리고 조직이 미세 또는 치밀하다는 것은 경도가 높다는 것과 동일합니다. 즉, 연삭 숫돌의 경도가 높을 때입니다. 실제 시험에서 공작물(일감)의 경도가 높을 때라고 보기에 나온 적이 있습니다. 틀린 보기입니다. 숫돌의 경도＞공작물의 경도일 때 로딩이 발생하게 되니 꼭 알아두세요.

또한, 연삭 깊이가 너무 크다. 생각해 보겠습니다. 연삭 숫돌로 연삭하는 깊이가 크다면 일감 깊숙이 파고 들어가 연삭하므로 숫돌 입자와 일감이 접촉되는 부분이 커집니다. 따라서 접촉 면적이 커진만큼 숫돌 입자가 칩에 노출되는 환경이 훨씬 커집니다. 다시 말해 입자 사이에 칩이 낄 확률이 더 커진다는 의미와 같습니다.

글레이징(눈 무딤) 현상에 대해 궁금합니다.

글레이징이란 입자가 탈락하지 않고 마멸에 의해 납작해지는 현상을 말합니다. 입자가 탈락해야 자생 과정을 통해 예리한 새로운 입자가 표면으로 나올텐데, 글레이징이 발생하면 입자가 탈락하지 않아 자생 과정이 발생하지 않으므로 숫돌 입자가 무뎌져 연삭 가공을 진행하는 데 있어 효율이 저하됩니다.

그렇다면 글레이징의 원인은 어떻게 될까요? 총 3가지가 있습니다.

① 원주 속도가 빠를 때
② 결합도가 클 때
③ 숫돌과 일감의 재질이 다를 때(불균일할 때)

원주 속도가 빠르면 숫돌의 결합도가 상승하게 됩니다.
원주 속도가 빠르면 숫돌의 회전 속도가 빠르다는 것, 결국 빠르면 빠를수록 숫돌을 구성하고 있는 입자들은 원심력에 의해 밖으로 튕겨져 나가려고 할 것입니다. 이러한 과정이 발생하면서 입자와 입자들이 서로 밀착하게 되고, 이에 따라 조직이 치밀해지게 됩니다.
따라서 원주 속도가 빠르다 → 입자들이 치밀 → 결합도 증가

결합도는 자생 과정과 가장 관련이 있습니다. 자생 과정이란 입자가 무뎌지면 자연스럽게 입자가 탈락하고 벗겨지면서 새로운 입자가 표면에 등장하는 것입니다. 결합도가 크다면 연삭 숫돌이 단단하여 자생 과정이 잘 발생하지 않습니다. 즉, 입자가 탈락하지 않고 계속적으로 마멸에 의해 납작해져서 글레이징 현상이 발생하게 되는 것입니다.

Q

열간 가공에 대한 특징이 궁금합니다.

A

열간 가공은 재결정 온도 이상에서 가공하는 것이기 때문에 재결정을 시키고 가공하는 것을 말합니다. 재결정을 시켰다는 것은 새로운 결정핵이 생성되었다는 것을 말합니다. 새로운 결정핵은 크기도 작고 매우 무른 상태이기 때문에 강도가 약합니다. 따라서 연성이 우수한 상태이므로 가공도가 커지게 되며 가공 시간이 빨라지므로 열간 가공은 대량 생산에 적합합니다.

또한, 새로운 결정핵(작은 미세한 결정)이 발생했다는 것 자체를 조직의 미세화 효과가 있다고 말합니다. 따라서 냉간 가공은 조직 미세화라는 표현이 맞고, 열간 가공은 조직 미세화 효과라는 표현이 맞습니다. 그리고 재결정 온도 이상으로 장시간 유지하면 새로운 신결정이 성장하므로 결정립이 커지게 됩니다. 이것을 조대화라고 보며, 성장하면서 배열을 맞추므로 재질의 균일화라고 표현합니다.

Q

열간 가공이 냉간 가공보다 마찰계수가 큰 이유가 무엇인가요?

A

책에 동전을 올려두고 서서히 경사를 증가시킨다고 가정합니다. 어느 순간 동전이 미끄러질텐데, 이때의 각도가 바로 마찰각입니다. 열간 가공은 높은 온도에서 가공하므로 일감 표면이 산화가 발생하여 표면이 거칩니다. 따라서 동전이 미끄러지는 순간의 경사각이 더 클 것입니다. 즉, 마찰각이 크기 때문에 아래 식에 의거하여 마찰계수도 커지게 됩니다.

$\mu = \tan \rho$ (단, μ: 마찰계수, ρ: 마찰각)

영구 주형의 가스 배출이 불량한 이유는 무엇인가요?

금속형 주형을 사용하기 때문에 표면이 차갑습니다. 따라서 급냉이 되므로 용탕에서 발생된 가스가 주형에서 배출되기 전에 급냉으로 인해 응축되어 가스 응축액이 생깁니다. 따라서 가스 배출이 불량하며, 이 가스 응축액이 용탕 내부로 흡입되어 결함을 발생시킬 수 있으며, 내부가 거칠게 되는 것입니다.

압축 잔류 응력이 피로 한도와 피로 수명을 증가시키는 이유가 무엇인가요?

잔류 응력이란 외력을 가한 후 제거해도 재료 표면에 남아 있게 되는 응력을 말합니다. 잔류 응력의 종류에는 인장 잔류 응력과 압축 잔류 응력 2가지가 있습니다.

인장 잔류 응력은 재료 표면에 남아 표면의 조직을 서로 바깥으로 당기기 때문에 표면에 크랙을 유발할 수 있습니다.

반면에 압축 잔류 응력은 표면의 조직을 서로 밀착시키기 때문에 조직을 강하게 만듭니다. 따라서 압축 잔류 응력이 피로 한도와 피로 수명을 증가시킵니다.

숏피닝에서 압축 잔류 응력이 발생하는 이유는 무엇인가요?

숏피닝은 작은 강구를 고속으로 금속 표면에 분사합니다. 이때 표면에 충돌하게 되면 충돌 부위에 변형이 생기고, 그 강도가 일정 에너지를 넘게 되면 변형이 회복되지 않는 소성 변형이 일어나게 됩니다. 이 변형층과 충돌 영향을 받지 않는 금속 내부와 힘의 균형을 맞추기 위해 표면에는 압축 잔류 응력이 생성되게 됩니다.

냉각쇠의 역할, 냉각쇠를 주물 두께가 두꺼운 곳에 설치하는 이유, 주형 하부에 설치하는 이유는 각각 무엇인가요?

냉각쇠는 주물 두께에 따른 응고 속도 차이를 줄이기 위해 사용합니다. 어떤 주물을 주형에 넣어 냉각시키는 데 있어 주물 두께가 다른 부분이 있다면, 두께가 얇은 쪽이 먼저 응고되면서 수축하게 됩니다. 따라서 그 부분은 쇳물의 부족으로 인해 수축공이 발생하게 됩니다. 따라서 주물 두께가 두꺼운 부분에 냉각쇠를 설치하여 두꺼운 부분의 응고 속도를 증가시킵니다. 결국, 주물 두께 차이에 따른 응고 속도를 줄일 수 있으므로 수축공을 방지할 수 있습니다.

또한, 냉각쇠는 종류로는 핀, 막대, 와이어가 있으며, 주형보다 열흡수성이 좋은 재료를 사용합니다. 그리고 고온부와 저온부가 동시에 응고되도록 또는 두꺼운 부분과 얇은 부분이 동시에 응고되도록 하는 목적으로 설치하는 것임을 다시 설명드리겠습니다.

그리고 마지막으로 가장 중요한 것으로 냉각쇠(chiller)는 가스 배출을 고려하여 주형의 상부보다는 하부에 부착해야 합니다. 만약, 상부에 부착한다면 가스는 주형 위로 배출되려고 하다가 상부에 부착된 냉각쇠에 의해 빠르게 냉각되면서 응축하여 가스액이 되고, 그 가스액이 주물 내부로 떨어져 결함을 발생시킬 수 있습니다.

리벳 이음은 경합금과 같이 용접이 곤란한 접합에 유리하다고 알고 있습니다. 그렇다면 경합금이 용접이 곤란한 이유가 무엇인가요?

경합금은 일반적으로 철과 비교했을 때 열팽창 계수가 매우 큽니다. 그렇기 때문에 용접을 하게 된다면, 뜨거운 용접 입열에 의해 열팽창이 매우 크게 발생할 것입니다. 즉, 경합금을 용접하면 열팽창 계수가 매우 크기 때문에 열적 변형이 발생할 가능성이 큽니다. 따라서 경합금과 같은 재료는 용접보다는 리벳 이음을 활용해야 신뢰도가 높습니다.

그리고 한 가지 더 말씀드리면 알루미늄을 예로 생각해보겠습니다. 용접할 때 가열하면 금방 순식간에 녹아버릴 수 있습니다. 따라서 용접 온도를 적정하게 잘 맞춰야 하는데, 이것 또한 매우 어려운 일이므로 경합금과 같은 재료는 용접이 곤란합니다.

물론, 경합금이 용접이 곤란한 것이지 불가능한 것은 아닙니다. 노하우를 가진 숙련공들이 같은 용접 속도로 서로 반대 대칭되어 신속하게 용접하면 팽창에 의한 변형이 서로 반대에서 상쇄되므로 용접을 할 수 있습니다.

Q

터빈의 단열 효율이 증가하면 건도가 감소하는 이유가 무엇인가요?

A

우선, 터빈의 단열 효율이 증가한다는 것은 터빈의 팽창일이 증가하는 것을 의미합니다.

T−S선도에서 터빈 구간의 일이 증가한다는 것은 2~3번 구간의 길이가 늘어난다는 것을 의미합니다. 길이가 늘어남에 따라 T−S선도 상의 면적은 증가하게 될 것입니다.

T−S선도에서 면적은 열량을 의미합니다. 보일러에 공급하는 열량은 일정하기 때문에 면적도 그 전과 동일해야 합니다.

2~3번 구간의 길이가 늘어나 면적이 늘어난 만큼, 열량이 동일해야 하므로 2~3번 구간은 좌측으로 이동하게 될 것입니다. 이에 따라 3번 터빈 출구점은 습증기 구간에 들어가 건도가 감소하게 되며, 습분이 발생하여 터빈 깃이 손상됩니다.

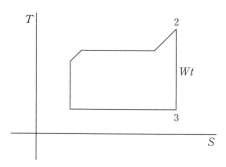

공기의 비열비가 온도가 증가할수록 감소하는 이유는 무엇인가요?

우선, 비열비＝정압 비열/정적 비열입니다.
※ **정적 비열**: 정적하에서 완전 가스 1kg을 1℃ 올리는 데 필요한 열량

온도가 증가할수록 기체의 분자 운동이 활발해져 기체의 부피가 늘어나게 됩니다.

부피가 작은 상태보다 부피가 큰 상태일 때, 열을 가해 온도를 올리기가 더 어려울 것입니다. 따라서 동일한 부피하에서 1℃ 올리는 데 더 많은 열량이 필요하게 됩니다. 즉, 온도가 증가할수록 부피가 늘어나고 늘어난 만큼 온도를 올리기 어렵기 때문에 더 많은 열량이 필요하다는 것입니다. 이 말은 정적 비열이 증가한다는 의미입니다.

따라서 비열비는 정압 비열/정적 비열이므로 온도가 증가할수록 감소합니다.

정압 비열에 상관없이 상대적으로 정적 비열의 증가분에 의한 영향이 더 크다고 보시면 되겠습니다.

Q 냉매의 구비 조건을 이해하고 싶습니다.

A

❖ 냉매의 구비 조건

① 증발 압력이 대기압보다 크고, 상온에서도 비교적 저압에서 액화될 것
② 임계 온도가 높고, 응고온도가 낮을 것, 비체적이 작을 것
★③ 증발 잠열이 크고, 액체의 비열이 작을 것(자주 문의되는 조건)
④ 불활성으로 안전하며, 고온에서 분해되지 않고, 금속이나 패킹 등 냉동기의 구성 부품을 부식, 변질, 열화시키지 않을 것
⑤ 점성이 작고, 열전도율이 좋으며, 동작 계수가 클 것
⑥ 폭발성, 인화성이 없고, 악취나 자극성이 없어 인체에 유해하지 않을 것
⑦ 표면 장력이 작고, 값이 싸며, 구하기 쉬울 것

③ 증발 잠열이 크고, 액체의 비열이 작을 것

우선 냉매란 냉동 시스템 배관을 돌아다니면서 증발, 응축의 상변화를 통해 열을 흡수하거나 피냉각체로부터 열을 빼앗아 냉동시키는 역할을 합니다. 구체적으로 증발기에서 실질적 냉동의 목적이 이루어집니다.

냉매는 피냉각체로부터 열을 빼앗아 냉매 자신은 증발이 되면서 피냉각체의 온도를 떨어뜨립니다. 즉, 증발 잠열이 커야 피냉각체(공기 등)로부터 열을 많이 흡수하여 냉동의 효과가 더욱 증대되게 됩니다. 그리고 액체 비열이 작아야 응축기에서 빨리 열을 방출하여 냉매 가스가 냉매액으로 응축됩니다. 각 구간의 목적을 잘 파악하면 됩니다.

※ 비열: 어떤 물질 1kg을 1℃ 올리는 데 필요한 열량
※ 증발 잠열: 온도의 변화 없이 상변화(증발)하는 데 필요한 열량

펌프 효율과 터빈 효율을 구할 때, 이론과 실제가 반대인 이유가 무엇인가요?

펌프 효율 $\eta_p = \dfrac{\text{이론적인 펌프일}(W_p)}{\text{실질적인 펌프일}(W_{p'})}$

터빈 효율 $\eta_t = \dfrac{\text{실질적인 터빈일}(W_{t'})}{\text{이론적인 터빈일}(W_t)}$

우선, 효율은 100% 이하이기 때문에 분모가 더 큽니다.

① 펌프는 외부로부터 전력을 받아 운전됩니다.
이론적으로 펌프에 필요한 일이 100이라고 가정하겠습니다. 이론적으로는 100이 필요하지만, 실제 현장에서는 슬러지 등의 찌꺼기 등으로 인해 배관이 막히거나 또는 임펠러가 제대로 된 회전을 할 수 없을 때도 있습니다. 따라서 유체를 송출하기 위해서는 더 많은 전력이 소요될 것입니다. 즉, 이론적으로는 100이 필요하지만 실제 상황에서는 여러 악조건이 있기 때문에 100보다 더 많은 일이 소요되게 됩니다. 결국, 펌프의 효율은 위와 같이 실질적인 펌프일이 분모로 가게 되어 효율이 100% 이하로 도출되게 됩니다.

② 터빈은 과열 증기가 터빈 블레이드를 때려 팽창일을 생산합니다.
이론적으로는 100이라는 팽창일이 얻어지겠지만, 실제 상황에서는 배관의 손상으로 인해 증기가 누설될 수 있어 터빈 출력에 영향을 줄 수 있습니다. 이러한 이유 등으로 인해 실제 터빈일은 100보다 작습니다. 결국, 터빈의 효율은 위와 같이 이론적 터빈일이 분모로 가게 되어 효율이 100% 이하로 도출되게 됩니다.

Q

체인 전동은 초기 장력을 줄 필요가 없다고 하는데, 그 이유가 무엇인가요?

A

우선 벨트 전동과 관련된 초기 장력에 대해 알아보도록 하겠습니다.

벨트 전동에서 동력 전달에 필요한 충분한 마찰을 얻기 위해 정지하고 있을 때 미리 벨트에 장력을 주고 이 상태에서 풀리를 끼웁니다. 이때 준 장력이 초기 장력입니다.

벨트 전동을 하기 전에 미리 장력을 줘야 탱탱한 벨트가 되고, 이에 따라 벨트와 림 사이에 충분한 마찰력을 얻어 그 마찰로 동력을 전달할 수 있습니다.

참고 초기 장력 $= \dfrac{T_t(\text{긴장측 장력}) + T_s(\text{이완측 장력})}{2}$

※ **유효 장력**: 동력 전달에 꼭 필요한 회전력
참고 유효 장력 $= T_t(\text{긴장측 장력}) - T_s(\text{이완측 장력})$

하지만 체인 전동은 초기 장력을 줄 필요가 없어 정지 시에 장력이 작용하지 않고 베어링에도 하중이 작용하지 않습니다. 그 이유는 벨트는 벨트와 림 사이에 발생하는 마찰력으로 동력을 전달하기 때문에 정지 시에 미리 벨트가 탱탱하도록 만들어 마찰을 발생시키기 위해 초기 장력을 가하지만 체인 전동은 스프로킷 휠과 링크가 서로 맞물려서 동력을 전달하기 때문에 초기 장력을 줄 필요가 없습니다. 따라서 동력 전달 방법의 방식이 다르기 때문입니다. 또한, 체인 전동은 스프로킷 휠과 링크가 서로 맞물려 동력을 전달하므로 미끄럼이 없고, 일정한 속비도 얻을 수 있습니다.

실루민이 시효 경화성이 없는 이유가 무엇인가요?

❖ 실루민
- Al−Si계 합금
- 공정 반응이 나타나고, 절삭성이 불량하며, 시효 경화성이 없다.

❖ 실루민이 시효 경화성이 없는 이유

일반적으로 구리(Cu)는 금속 내부의 원자 확산이 잘 되는 금속입니다. 즉, 장시간 방치해도 구리가 석출되어 경화가 됩니다. 따라서 구리가 없는 Al−Si계 합금인 실루민은 시효 경화성이 없습니다.

Tip 구리가 포함된 합금은 대부분 시효 경화성이 있다고 보면 됩니다.

※ 시효 경화성이 있는 것: 황동, 강, 두랄루민, 라우탈, 알드레이, Y합금 등

Q 직류 아크 용접에서 자기 불림 현상이 발생하는 이유가 무엇인가요?

A 자기 불림(Arc blow)은 아크 쏠림 현상을 말합니다. 보통 직류 아크 용접에서 발생하는 현상입니다.

그 이유는 전류가 흐르는 도체 주변에는 용접 전류 때문에 아크 주위에 자계가 발생합니다. 이 자계가 용접봉에 비대칭 되어 아크가 특정한 한 방향으로 쏠리는 불안정한 현상이 자기 불림 현상입니다.

결국 자계가 용접 일감의 모양이나 아크의 위치에 관련하여 비대칭이 되어 아크가 특정한 한 방향으로 쏠려 불안정하게 됩니다.

간단하게 요약하자면, 자기 불림은 직류 아크 용접에서 많이 발생되며, 교류는 ＋, － 위 아래로 파장이 있어 아크가 한 방향으로 쏠리지 않습니다.

따라서 자기 불림 현상을 방지하려면 대표적으로 교류를 사용하면 됩니다.

지금까지 오픈 채팅방과 블로그를 통해 가장 많이 받았던 질문들로 구성하였습니다.

암기가 아닌 **이해**와 **원리**를 통해 공부하면 더욱더 재미있고

직무면접에서도 큰 도움이 될 것입니다!

03 3역학 공식 모음집

1 재료역학 공식

① 전단 응력, 수직 응력

$$\tau = \frac{P_s}{A}, \ \sigma = \frac{P}{A} \ (P_s: \text{전단 하중}, \ P: \text{수직 하중})$$

② 전단 변형률

$$\gamma = \frac{\lambda_s}{l} \ (\lambda_s: \text{전단 변형량})$$

③ 수직 변형률

$$\varepsilon = \frac{\varDelta l}{l}, \ \varepsilon' = \frac{\varDelta D}{D} \ (\varDelta l: \text{세로 변형량}, \ \varDelta D: \text{가로 변형량})$$

④ 푸아송의 비

$$\mu = \frac{\varepsilon'}{\varepsilon} = \frac{\varDelta l \cdot D}{l \cdot \varDelta D} = \frac{1}{m} \ (m: \text{푸아송 수})$$

⑤ 후크의 법칙

$$\sigma = E \times \varepsilon, \ \tau = G \times \gamma \ (E: \text{종탄성 계수}, \ G: \text{횡탄성 계수})$$

⑥ 길이 변형량

$$\lambda_s = \frac{P_s l}{AG}, \ \varDelta l = \frac{Pl}{AE} \ (\lambda_s: \text{전단 하중에 의한 변형량}, \ \varDelta l: \text{수직 하중에 의한 변형량})$$

⑦ 단면적 변형률

$$\varepsilon_A = 2\mu\varepsilon$$

⑧ 체적 변형률

$$\varepsilon_v = \varepsilon(1-2\mu)$$

⑨ 탄성 계수의 관계

$$mE = 2G(m+1) = 3K(m-2)$$

⑩ 두 힘의 합성

$$F = \sqrt{F_1^2 + F_2^2 + 2F_1F_2\cos\theta}$$

⑪ 세 힘의 합성(라미의 정리)

$$\frac{F_1}{\sin\theta_1} = \frac{F_2}{\sin\theta_2} = \frac{F_3}{\sin\theta_3}$$

⑫ 응력 집중

$$\sigma_{\max} = \alpha \times \sigma_n \ (\alpha: \text{응력 집중 계수}, \ \sigma_n: \text{공칭 응력})$$

⑬ 응력의 관계

$$\sigma_\omega \le \sigma_\sigma = \frac{\sigma_u}{S} \ (\sigma_\omega: \text{사용 응력}, \ \sigma_\sigma: \text{허용 응력}, \ \sigma_u: \text{극한 응력})$$

⑭ 병렬 조합 단면의 응력

$$\sigma_1 = \frac{PE_1}{A_1E_1 + A_2E_2}, \ \sigma_2 = \frac{PE_2}{A_1E_1 + A_2E_2}$$

⑮ 자중을 고려한 늘음량

$$\delta_\omega = \frac{\gamma l^2}{2E} = \frac{\omega l}{2AE} \ (\gamma: \text{비중량}, \ \omega: \text{자중})$$

⑯ 충격에 의한 응력과 늘음량

$$\sigma = \sigma_0 \left\{ 1 + \sqrt{1 + \frac{2h}{\lambda_0}} \right\}, \ \lambda = \lambda_0 \left\{ 1 + \sqrt{1 + \frac{2h}{\lambda_0}} \right\} \ (\sigma_0: \text{정적 응력}, \ \lambda_0: \text{정적 늘음량})$$

⑰ 탄성 에너지

$$u = \frac{\sigma^2}{2E}, \; U = \frac{1}{2}P\lambda = \frac{\sigma^2 Al}{2E}$$

⑱ 열응력

$$\sigma = E\varepsilon_{th} = E \times \alpha \times \Delta T \; (\varepsilon_{th}: \text{열변형률}, \; \alpha: \text{선팽창 계수})$$

⑲ 얇은 회전체의 응력

$$\sigma_y = \frac{\gamma v^2}{g} \; (\gamma: \text{비중량}, \; v: \text{원주 속도})$$

⑳ 내압을 받는 얇은 원통의 응력

$$\sigma_y = \frac{PD}{2t}, \; \sigma_x = \frac{PD}{4t} \; (P: \text{내압력}, \; D: \text{내경}, \; t: \text{두께})$$

㉑ 단순 응력 상태의 경사면 전단 응력

$$\tau = \frac{1}{2}\sigma_x \sin 2\theta$$

㉒ 단순 응력 상태의 경사면 전단 응력

$$\sigma_n = \sigma_x \cos^2 \theta$$

㉓ 2축 응력 상태의 경사면 전단 응력

$$\tau = \frac{1}{2}(\sigma_x - \sigma_y)\sin 2\theta$$

㉔ 2축 응력 상태의 경사면 수직응력

$$\sigma_n' = \frac{1}{2}(\sigma_x + \sigma_y) + \frac{1}{2}(\sigma_x - \sigma_y)\cos 2\theta$$

㉕ 평면 응력 상태의 최대, 최소 주응력

$$\sigma_{1,\,2} = \frac{1}{2}(\sigma_x + \sigma_y) \pm \frac{1}{2}\sqrt{(\sigma_x - \sigma_y)^2 + 4\tau^2}$$

㉖ 토크와 전단 응력의 관계

$$T = \tau \times Z_p = \tau \times \frac{\pi d^3}{16}$$

㉗ 토크와 동력과의 관계

$$T = 716.2 \times \frac{H}{N} \ [\text{kg} \cdot \text{m}] \ \text{단}, \ H[\text{PS}]$$

$$T = 974 \times \frac{H'}{N} \ [\text{kg} \cdot \text{m}] \ \text{단}, \ H'[\text{kW}]$$

㉘ 비틀림각

$$\theta = \frac{TL}{GI_p} \ [\text{rad}] \ (G: \text{횡탄성 계수})$$

㉙ 굽힘에 의한 응력

$$M = \sigma Z, \ \sigma = E\frac{y}{\rho}, \ \frac{1}{\rho} = \frac{M}{EI} = \frac{\sigma}{Ee} \ (\rho: \text{주름 반경}, \ e: \text{중립축에서 끝단까지 거리})$$

㉚ 굽힘 탄성 에너지

$$U = \int \frac{M_x^2 dx}{2EI}$$

㉛ 분포 하중, 전단력, 굽힘 모멘트의 관계

$$\omega = \frac{dF}{dx} = \frac{d^2 M}{dx^2}$$

㉜ 처짐 곡선의 미분 방정식

$$EIy'' = -M_x$$

㉝ 면적 모멘트법

$$\theta = \frac{A_m}{E}, \ \delta = \frac{A_m}{E}\overline{x}$$

(θ: 굽힘각, δ: 처짐량, A_m: BMD의 면적, $\overline{x}$: BMD의 도심까지의 거리)

㉞ 스프링 지수, 스프링 상수

$C = \dfrac{D}{d}$, $K = \dfrac{P}{\delta}$ (D: 평균 지름, d: 소선의 직각 지름, P: 하중, δ: 처짐량)

㉟ 등가 스프링 상수

$\dfrac{1}{K_{eq}} = \dfrac{1}{K_1} + \dfrac{1}{K_2}$ ➡ 직렬 연결

$K_{eq} = K_1 + K_2$ ➡ 병렬 연결

㊱ 스프링의 처짐량

$\delta = \dfrac{8PD^3 n}{Gd^4}$ (G: 횡탄성 계수, n: 감김 수)

㊲ 3각 판스프링의 응력과 늘음량

$\sigma = \dfrac{6Pl}{nbh^2}$, $\delta_{max} = \dfrac{6Pl^3}{nbh^3 E}$ (n: 판의 개수, b: 판목, E: 종탄성 계수)

㊳ 겹판 스프링의 응력과 늘음량

$\eta = \dfrac{3Pl}{2nbh^2}$, $\delta_{max} = \dfrac{3P'l^3}{8nbh^3 E}$

㊴ 핵반경

원형 단면 $a = \dfrac{d}{8}$, 사각형 단면 $a = \dfrac{b}{6}$, $\dfrac{h}{6}$

㊵ 편심 하중을 받는 단주의 최대 응력

$\sigma_{max} = \dfrac{P}{A} + \dfrac{M}{Z}$

㊶ 오일러(Euler)의 좌굴 하중 공식

$P_B = \dfrac{n\pi^2 EI}{l^2}$ (n: 단말 계수)

㊷ 세장비

$$\lambda = \frac{l}{K}\ (l: \text{기둥의 길이}) \qquad K = \sqrt{\frac{I}{A}}\ (K: \text{최소 회전 반경})$$

㊸ 좌굴 응력

$$\sigma_B = \frac{P_B}{A} = \frac{n\pi^2 E}{\lambda^2}$$

❖ 평면의 성질 공식 정리

	공식	표현	도형의 종류		
			사각형	중심축	중공축
단면 1차 모멘트	$\bar{y} = \dfrac{A_1 y_1 + A_2 y_2}{A_1 + A_2}$ $\bar{x} = \dfrac{A_1 x_1 + A_2 x_2}{A_1 + A_2}$	$Q_y = \displaystyle\int x\,dA$ $Q_x = \displaystyle\int y\,dA$	$\bar{y} = \dfrac{h}{2}$ $\bar{x} = \dfrac{b}{2}$	$\bar{y} = \bar{x} = \dfrac{d}{2}$	내외경 비 $x = \dfrac{d_1}{d_2}$ $(d_1: \text{내경}, d_2: \text{외경})$
단면 2차 모멘트	$K_x = \sqrt{\dfrac{I_x}{A}}$ $K_y = \sqrt{\dfrac{I_y}{A}}$	$I_x = \displaystyle\int y^2\,dA$ $I_y = \displaystyle\int x^2\,dA$	$I_x = \dfrac{bh^3}{12}$ $I_y = \dfrac{bh^3}{12}$	$I_x = I_y$ $= \dfrac{\pi d^4}{64}$	$I_x = I_y$ $= \dfrac{\pi d_2^{\,4}}{64}(1 - x^4)$
극단면 2차 모멘트	$I_p = I_x + I_y$	$I_p = \displaystyle\int r^2\,dA$	$I_p = \dfrac{bh}{12}(b^2 + h^2)$	$I_p = \dfrac{\pi d^4}{32}$	$I_p = \dfrac{\pi d_2^{\,4}}{32}(1 - x^4)$
단면 계수	$Z = \dfrac{M}{\sigma_b}$	$Z = \dfrac{I_x}{e_x}$	$Z_x = \dfrac{bh^2}{6}$ $Z_y = \dfrac{bh^2}{6}$	$Z_x = Z_y$ $= \dfrac{\pi d^3}{32}$	$Z_x = Z_y$ $= \dfrac{\pi d_2^{\,3}}{32}(1 - x^4)$
극단면 계수	$Z_p = \dfrac{T}{\tau_a}$	$Z_p = \dfrac{I_p}{e_p}$	–	$Z_p = \dfrac{\pi d^4}{16}$	$Z_p = \dfrac{\pi d_2^{\,3}}{16}(1 - x^4)$

❖ 보의 정리

보의 종류	반력	최대 굽힘 모멘트 $M_{\max}$	최대 굽힘각 $\theta_{\max}$	최대 처짐량 $\hat{\delta}_{\max}$
M_0 그림	–	M_0	$\dfrac{M_0 l}{EI}$	$\dfrac{M_0 l^2}{2EI}$
P 그림	$R_b = P$	Pl	$\dfrac{Pl^2}{2EI}$	$\dfrac{Pl^3}{3EI}$
ω 그림	$R_b = \omega l$	$\dfrac{\omega l^2}{2}$	$\dfrac{\omega l^3}{6EI}$	$\dfrac{\omega l^4}{8EI}$
M_0 그림	$R_a = R_b = \dfrac{M_0}{l}$	M_0	$\theta_A = \dfrac{M_0 l}{3EI}$ $\theta_B = \dfrac{M_0 l}{6EI}$	$x = \dfrac{l}{\sqrt{3}}$ 일 때 $\dfrac{M_0 l^2}{9\sqrt{3}EI}$
P 그림	$R_a = R_b = \dfrac{P}{2}$	$\dfrac{Pl}{4}$	$\dfrac{Pl^2}{16EI}$	$\dfrac{Pl^3}{48EI}$
P, C, a, b 그림	$R_a = \dfrac{Pb}{l}$ $R_b = \dfrac{Pa}{l}$	$\dfrac{Pab}{l}$	$\theta_A = \dfrac{Pab(l+b)}{6lEI}$ $\theta_B = \dfrac{Pab(l+a)}{6lEI}$	$\delta_c = \dfrac{Pa^2b^2}{3lEI}$
ω 그림	$R_a = R_b = \dfrac{\omega l}{2}$	$\dfrac{\omega l^2}{8}$	$\dfrac{\omega l^3}{24EI}$	$\dfrac{5\omega l^4}{384EI}$
ω 그림	$R_a = \dfrac{\omega l}{6}$ $R_b = \dfrac{\omega l}{3}$	$\dfrac{\omega l^2}{9\sqrt{3}}$	–	–

보의 종류	반력	최대 굽힘 모멘트 $M_{\max}$	최대 굽힘각 $\theta_{\max}$	최대 처짐량 $\delta_{\max}$
	$R_a = \dfrac{5P}{16}$ $R_b = \dfrac{11P}{16}$	$M_B = M_{\max}$ $= \dfrac{3}{16}Pl$	−	−
	$R_a = \dfrac{3\omega l}{8}$ $R_b = \dfrac{5\omega l}{8}$	$\dfrac{9\omega l^2}{128}$, $x = \dfrac{5l}{8}$ 일 때	−	−
	$R_a = \dfrac{Pb^2}{l^3}(3a+b)$	$M_A = \dfrac{Pb^2 a}{l^2}$ $M_B = \dfrac{Pa^2 b}{l^2}$	$a = b = \dfrac{l}{2}$ 일 때 $\dfrac{Pl^2}{64EI}$	$a = b = \dfrac{l}{2}$ 일 때 $\dfrac{Pl^3}{192EI}$
	$R_a = R_b = \dfrac{\omega l}{2}$	$M_a = M_b = \dfrac{\omega l^2}{12}$ 중간 단의 모멘트 $= \dfrac{\omega l^2}{24}$	$\dfrac{\omega l^3}{125EI}$	$\dfrac{\omega l^4}{384EI}$
	$R_a = R_b = \dfrac{3\omega l}{16}$ $R_c = \dfrac{5\omega l}{8}$	$M_c = \dfrac{\omega l^2}{32}$	−	−

② 열역학 공식

① 열역학 0법칙, 열용량

$Q = Gc\Delta T$ (G: 중량 또는 질량, c: 비열, ΔT: 온도차)

② 온도 환산

$$C = \frac{5}{9}(F - 32)$$

$$T(\mathrm{K}) = T(\text{℃}) + 273.15$$

$$T(\mathrm{R}) = T(\mathrm{F}) + 460$$

③ 열량의 단위

$1\ \mathrm{kcal} = 3.968\ \mathrm{BTU} = 2.205\ \mathrm{CHU} = 4.1867\ \mathrm{kJ}$

④ 비열의 단위

$$\left[\frac{1\ \mathrm{kcal}}{\mathrm{kg} \cdot \text{℃}}\right] = \left[\frac{1\ \mathrm{BTU}}{\mathrm{Ib} \cdot \text{°F}}\right] = \left[\frac{1\ \mathrm{CHU}}{\mathrm{Ib} \cdot \text{℃}}\right]$$

⑤ 평균 비열, 평균 온도

$$C_m = \frac{1}{T_2 - T_1}\int CdT, \quad T_m = \frac{m_1 C_1 T_1 + m_2 C_2 T_2}{m_1 C_1 + m_2 C_2}$$

⑥ 일과 열의 관계

$Q = AW$ (A: 일의 열 상당량 $= 1\ \mathrm{kcal}/427\ \mathrm{kgf} \cdot \mathrm{m}$)

$W = JQ$ (J: 열의 일 상당량 $= 1/A$)

⑦ 동력과 열량과의 관계

$1\ \mathrm{Psh} = 632.3\ \mathrm{kcal}, \ 1\ \mathrm{kWh} = 860\ \mathrm{kcal}$

⑧ 열역학 1법칙의 표현

$\delta q = du + Pdv = C_p dT + \delta W = dh + vdP = C_p dT + \delta Wt$

⑨ 열효율

$$\eta = \frac{정미\ 출력}{저위\ 발열량 \times 연료\ 소비율}$$

⑩ 완전 가스 상태 방정식

$PV = mRT$ (P: 절대 압력, V: 체적, m: 질량, R: 기체 상수, T: 절대 온도)

⑪ 엔탈피

$H = U + pv = $ 내부 에너지 + 유동 에너지

⑫ 정압 비열(C_p), 정적 비열(C_v)

$$C_p = \frac{kR}{k-1},\ C_v = \frac{R}{k-1}$$

비열비 $k = \dfrac{C_p}{C_v}$, 기체 상수 $R = C_p - C_v$

⑬ 혼합 가스의 기체 상수

$$R = \frac{m_1 R_1 + m_2 R_2 + m_3 R_3}{m_1 + m_2 + m_3}$$

⑭ 열기관의 열효율

$$\eta = \frac{\Delta Wa}{Q_H} = \frac{Q_H - Q_L}{Q_H} = 1 - \frac{T_L}{T_H}$$

⑮ 냉동기의 성능 계수

$$\varepsilon_r = \frac{Q_L}{W_C} = \frac{Q_L}{Q_H - Q_L} = \frac{T_L}{T_H - T_L}$$

⑯ 열펌프의 성능 계수

$$\varepsilon_H = \frac{Q_H}{W_a} = \frac{Q_H}{Q_H - Q_L} = \frac{T_H}{T_H - T_L} = 1 + \varepsilon_r$$

⑰ 엔트로피

$$ds = \frac{\delta Q}{T} = \frac{mcdT}{T}$$

⑱ 엔트로피 변화

$$\Delta S = C_V \ln\frac{T_2}{T_1} + R \ln\frac{V_2}{V_1} = C_P \ln\frac{T_2}{T_1} - R \ln\frac{P_2}{P_1} = C_P \ln\frac{V_2}{V_1} + C_V \ln\frac{P_2}{P_1}$$

⑲ 습증기의 상태량 공식

$$v_x = v' + x(v'' - v') \qquad\qquad h_x = h' + x(h'' - h')$$
$$s_x = s' + x(s'' - s') \qquad\qquad u_x = u' + x(u'' - u')$$

건도 $x = \dfrac{\text{습증기의 중량}}{\text{전체 중량}}$

(v', h', s', u': 포화액의 상대값, v'', h'', s'', u'': 건포화 증기의 상태값)

⑳ 증발 잠열(잠열)

$$\gamma = h'' - h' = (u'' - u') + P(u'' - u')$$

㉑ 고위 발열량

$$H_h = 8,100\,C + 34,000\left(H - \frac{O}{8}\right) + 2,500\,S$$

㉒ 저위 발열량

$$H_c = 8,100\,C - 29,000\left(H - \frac{O}{8}\right) + 2,500\,S - 600W = H_h - 600(9H + W)$$

㉓ 노즐에서의 출구 속도

$$V_2 = \sqrt{2g(h_1 - h_2)} = \sqrt{h_1 - h_2}$$

❖ 상태 변화 관련 공식

변화	정적 변화	정압 변화	정온 변화	단열 변화	폴리트로픽 변화
p, v, T 관계	$v=C,$ $dv=0,$ $\dfrac{P_1}{T_1}=\dfrac{P_2}{T_2}$	$P=C,$ $dP=0,$ $\dfrac{v_1}{T_1}=\dfrac{v_2}{T_2}$	$T=C,$ $dT=0,$ $Pv=P_1v_1$ $=P_2v_2$	$Pv^k=c,$ $\dfrac{T_2}{T_1}=\left(\dfrac{v_1}{v_2}\right)^{k-1}$ $=\left(\dfrac{P_2}{P_1}\right)^{\frac{k-1}{k}}$	$Pv^n=c,$ $\dfrac{T_2}{T_1}=\left(\dfrac{v_1}{v_2}\right)^{n-1}$
(절대일) 외부에 하는 일 $_1\omega_2$ $=\displaystyle\int pdv$	0	$P(v_2-v_1)$ $=R(T_2-T_1)$	$P_1v_1\ln\dfrac{v_2}{v_1}$ $=P_1v_1\ln\dfrac{P_1}{P_2}$ $=RT\ln\dfrac{v_2}{v_1}$ $=RT\ln\dfrac{P_1}{P_2}$	$\dfrac{1}{k-1}(P_1v_1-P_2v_2)$ $=\dfrac{RT_1}{k-1}\left(1-\dfrac{T_2}{T_1}\right)$ $=\dfrac{RT_1}{k-1}$ $\left[\left(1-\dfrac{v_1}{v_2}\right)^{k-1}\right]$ $=C_v(T_1-T_2)$	$\dfrac{1}{n-1}(P_1v_1-P_2v_2)$ $=\dfrac{P_1v_1}{n-1}\left(1-\dfrac{T_2}{T_1}\right)$ $=\dfrac{R}{n-1}(T_1-T_2)$
공업일 (압축일) $\omega_1=$ $-\displaystyle\int vdp$	$v(P_1-P_2)$ $=R(T_1-T_2)$	0	ω_{12}	$k_1\omega_2$	$n_1\omega_2$
내부 에너지의 변화 u_2-u_1	$C_v(T_2-T_1)$ $=\dfrac{R}{k-1}(T_2-T_1)$ $=\dfrac{v}{k-1}(P_2-P_1)$	$C_v(T_2-T_1)$ $=\dfrac{P}{k-1}(v_2-v_1)$	0	$C_v(T_2-T_1)$ $=-_1W_2$	$-\dfrac{(n-1)}{k-1}{_1W_2}$
엔탈피의 변화 h_2-h_1	$C_p(T_2-T_1)$ $=\dfrac{kR}{k-1}(T_2-T_1)$ $=\dfrac{kv}{k-1}(P_2-P_1)$ $=k(u_2-u_1)$	$C_p(T_2-T_1)$ $=\dfrac{kR}{k-1}(T_2-T_1)$ $=\dfrac{kv}{k-1}(P_2-P_1)$	0	$C_p(T_2-T_1)$ $=-W_t$ $=-k_1W_2$ $=k(u_2-u_1)$	$-\dfrac{(n-1)}{k-1}{_1W_2}$
외부에서 얻은 열 $_1q_2$	u_2-u_1	h_2-h_1	$_1W_2-W_t$	0	$C_n(T_2-T_1)$
n	∞	0	1	k	$-\infty$에서 $+\infty$

변화	정적 변화	정압 변화	정온 변화	단열 변화	폴리트로픽 변화
비열 C	C_v	C_p	∞	0	$C_n = C_v \dfrac{n-k}{n-1}$
엔트로피의 변화 $s_2 - s_1$	$C_v \ln \dfrac{T_2}{T_1}$ $= C_v \ln \dfrac{P_2}{P_1}$	$C_p \ln \dfrac{T_2}{T_1}$ $= C_p \ln \dfrac{v_2}{v_1}$	$R \ln \dfrac{v_2}{v_1}$	0	$C_n \ln \dfrac{T_2}{T_1}$ $= C_v \dfrac{n-k}{n} \ln \dfrac{P_2}{P_1}$

❖ 열역학 사이클

1. 카르노 사이클 = 가역 이상 열기관 사이클

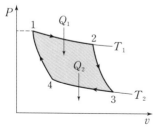 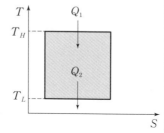

카르노 사이클의 효율

$$\eta_c = \frac{W_a}{Q_H} = \frac{Q_H - Q_L}{Q_H}$$

$$= \frac{T_H - T_L}{T_H} = 1 - \frac{T_L}{T_H}$$

2. 랭킨 사이클 = 증기 원동소 사이클의 기본 사이클

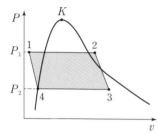 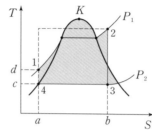

랭킨 사이클의 효율

$$\eta_R = \frac{W_a}{Q_H} = \frac{W_T - W_P}{Q_H}$$

터빈일 $W_T = h_2 - h_3$
펌프일 $W_P = h_1 - h_4$
보일러 공급 열량 $Q_H = h_2 - h_1$

3. 재열 사이클

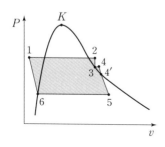 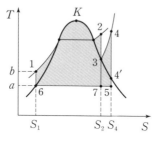

재열 사이클의 효율

$$\eta_R = \frac{W_a}{Q_H + Q_R} = \frac{W_{T_1} + W_{T_2} - W_P}{Q_H + Q_R}$$

터빈1의 일 $= h_2 - h_3$
터빈2의 일 $= h_4 - h_5$
펌프의 일 $= h_1 - h_6$
보일러 공급 열량 $Q_H = h_2 - h_1$
재열기 공급 열량 $Q_R = h_4 - h_3$

4. 오토 사이클 = 정적 사이클 = 가솔린 기관의 기본 사이클

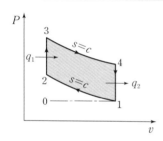 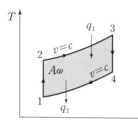

$$\eta_O = \frac{q_1 - q_2}{q_1} = 1 - \frac{q_2}{q_1}$$

$$= 1 - \frac{C_v(T_4 - T_1)}{C_v(T_3 - T_2)}$$

$$= 1 - \left(\frac{1}{\varepsilon}\right)^{k-1}$$

압축비 $\varepsilon = \dfrac{\text{실린더 체적}}{\text{연료실 체적}}$

5. 디젤 사이클 = 정압 사이클 = 저중속 디젤 기관의 기본 사이클

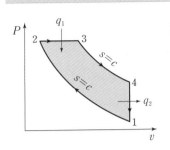

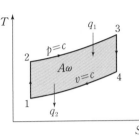

$$\eta_O = \frac{q_1 - q_2}{q_1} = 1 - \frac{q_2}{q_1}$$

$$= 1 - \frac{C_v(T_4 - T_1)}{C_P(T_3 - T_2)}$$

$$= 1 - \left(\frac{1}{\varepsilon}\right)^{k-1} \frac{\sigma^k - 1}{k(\sigma - 1)}$$

체절비 $\sigma = \dfrac{V_3}{V_2}$

6. 사바테 사이클 = 복합 사이클 = 고속 디젤 사이클의 기본 사이클

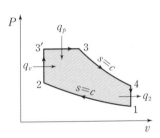

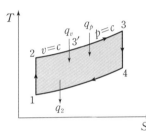

사바테 사이클의 효율

$$\eta_S = \frac{q_p + q_v - q_v}{q_p + q_v}$$

$$= 1 - \frac{q_v}{q_p + q_v}$$

$$= 1 - \frac{C_v(T_4 - T_1)}{C_P(T_3 - T'_3) + C_V(T'_3 - T_2)}$$

$$= 1 - \left(\frac{1}{\varepsilon}\right)^{k-1} \frac{\rho\sigma^k - 1}{(\rho - 1) + k\rho(\sigma - 1)}$$

7. 브레이튼 사이클 = 가스 터빈의 기본 사이클

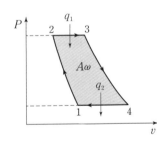

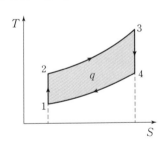

$$\eta_B = \frac{q_1 - q_2}{q_1}$$

$$= \frac{C_P(T_3 - T_2) - C_P(T_4 - T_1)}{C_P(T_3 - T_2)}$$

$$= 1 - \left(\frac{1}{\rho}\right)^{\frac{k-1}{k}}$$

압력 상승비 $\rho = \dfrac{P_{max}}{P_{min}}$

8. 증기 냉동 사이클

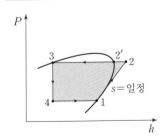

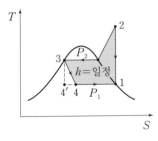

$$\eta_R = \frac{Q_L}{W_a} = \frac{Q_L}{Q_H - Q_L}$$

$$= \frac{(h_1 - h_4)}{(h_2 - h_3) - (h_1 - h_4)}$$

(Q_L: 저열원에서 흡수한 열량)

냉동 능력 $1\,\mathrm{RT} = 3.86\,\mathrm{kW}$

유체역학 공식

① 뉴턴의 운동 방정식

$$F = ma = m\frac{dv}{dt} = \rho Q v$$

② 비체적(v)

단위 질량당 체적 $v = \dfrac{V}{M} = \dfrac{1}{\rho}$

단위 중량당 체적 $v = \dfrac{V}{W} = \dfrac{1}{\gamma}$

③ 밀도(ρ), 비중량(γ)

밀도 $\rho = \dfrac{M(\text{질량})}{V(\text{체적})}$

비중량 $\gamma = \dfrac{W(\text{무게})}{V(\text{체적})}$

④ 비중(S)

$$S = \frac{\gamma}{\gamma_\omega},\ \gamma_\omega = \frac{1,000\ \text{kgf}}{\text{m}^3} = \frac{9,800\ \text{N}}{\text{m}^3}$$

⑤ 뉴턴의 점성 법칙

$$F = \mu\frac{uA}{h},\ \frac{F}{A} = \tau = \mu\frac{du}{dy}\ (u: \text{속도},\ \mu: \text{점성 계수})$$

⑥ 점성계수(μ)

$$1\text{Poise} = \frac{1\ \text{dyne} \cdot \text{sec}}{\text{cm}^2} = \frac{1\ \text{g}}{\text{cm} \cdot \text{s}} = \frac{1}{10}\ \text{Pa} \cdot \text{s}$$

⑦ 동점성계수(ν)

$$\nu = \frac{\mu}{\rho}\ (1\ \text{stoke} = 1\ \text{cm}^2/\text{s})$$

⑧ 체적 탄성 계수

$$K = \frac{\Delta p}{\frac{\Delta v}{v}} = \frac{\Delta p}{\frac{\Delta r}{r}} = \frac{1}{\beta} \ (\beta: \text{압축률})$$

⑨ 표면 장력

$$\sigma = \frac{\Delta P d}{4} \ (\Delta P: \text{압력 차이}, \ d: \text{직경})$$

⑩ 모세관 현상에 의한 액면 상승 높이

$$h = \frac{4\sigma \cos \beta}{\gamma d} \ (\sigma: \text{표면 장력}, \ \beta: \text{접촉각})$$

⑪ 정지 유체 내의 압력

$$P = \gamma h \ (\gamma: \text{유체의 비중량}, \ h: \text{유체의 깊이})$$

⑫ 파스칼의 원리

$$\frac{F_1}{A_1} = \frac{F_2}{A_2} \ (P_1 = P_2)$$

⑬ 압력의 종류

$$P_{\text{abs}} = P_O + P_G = P_O - P_V = P_O(1-x)$$
$$(x: \text{진공도}, \ P_{\text{abs}}: \text{절대 압력}, \ P_O: \text{국소 대기압}, \ P_G: \text{게이지압}, \ P_V: \text{진공압})$$

⑭ 압력의 단위

$$1 \ \text{atm} = 760 \ \text{mmHg} = 10.332 \ \text{mAq} = 1.0332 \ \text{kgf/cm}^2 = 101,325 \ \text{Pa} = 1.0132 \ \text{bar}$$

⑮ 경사면에 작용하는 유체의 전압력, 전압력이 작용하는 위치

$$F = \gamma \overline{H} A, \ y_F = \overline{y} + \frac{I_G}{A\overline{y}}$$

$(\gamma: \text{비중량}, \ H: \text{수문의 도심까지의 수심}, \ \overline{y}: \text{수문의 도심까지의 거리}, \ A: \text{수문의 면적})$

⑯ 부력

$F_B = \gamma V$ (γ: 유체의 비중량, V: 잠겨진 유체의 체적)

⑰ 연직 등가속도 운동을 받을 때

$P_1 - P_2 = \gamma h\left(1 + \dfrac{a_y}{g}\right)$

⑱ 수평 등가속도 운동을 받을 때

$\tan\theta = \dfrac{a_x}{g}$

⑲ 등속 각속도 운동을 받을 때

$\Delta H = \dfrac{V_0^2}{2g}$ (V_0: 바깥 부분의 원주 속도)

⑳ 유선의 방정식

$v = ui + vj + wk \qquad ds = dxi + dyj + dzk$

$v \times ds = 0 \qquad\qquad \dfrac{dx}{u} = \dfrac{dy}{u} = \dfrac{dz}{w}$

㉑ 체적 유량

$Q = A_1 V_1 = A_2 V_2$

㉒ 질량 유량

$\dot{M} = \rho A V = \text{Const}$ (ρ: 밀도, A: 단면적, V: 유속)

㉓ 중량 유량

$\dot{G} = \gamma A V = \text{Const}$ (γ: 비중량, A: 단면적, V: 유속)

㉔ 1차원 연속 방정식의 미분형

$\dfrac{d\rho}{\rho} + \dfrac{dv}{v} + \dfrac{dA}{A} = 0$ 또는 $d(\rho A V) = 0$

㉕ 3차원 연속 방정식

$$\frac{\partial u}{\partial x} + \frac{\partial v}{\partial y} + \frac{\partial w}{\partial z} = 0$$

㉖ 오일러 방정식

$$\frac{dP}{\rho} + V dV + g dz = 0$$

㉗ 베르누이 방정식

$$\frac{P}{\gamma} + \frac{v^2}{2g} + z = H$$

㉘ 높이 차가 H인 구멍 부분의 속도

$$v = \sqrt{2gH}$$

㉙ 피토 관을 이용한 유속 측정

$$v = \sqrt{2g\varDelta H} \ (\varDelta H : \text{피토관을 올라온 높이})$$

㉚ 피토 정압관을 이용한 유속 측정

$$V = \sqrt{2g\varDelta H\left(\frac{S_0 - S}{S}\right)} \ (S_0 : \text{액주계 내의 비중}, \ S : \text{관 내의 비중})$$

㉛ 운동량 방정식

$$F dt = m(V_2 - V_1) \ (F dt : \text{역적}, \ mV : \text{운동량})$$

㉜ 수직 평판이 받는 힘

$$F_x = \rho Q(V - u) \ (V : \text{분류의 속도}, \ u : \text{날개의 속도})$$

㉝ 고정 날개가 받는 힘

$$F_x = \rho Q V(1 - \cos\theta), \ F_y = -\rho Q V \sin\theta$$

㉞ 이동 날개가 받는 힘

$$F_x = \rho QV(1-\cos\theta),\ F_y = -\rho QV\sin\theta$$

㉟ 프로펠러 추력

$$F = \rho Q(V_4 - V_1)\ (V_4:\ \text{유출 속도},\ V_1:\ \text{유입 속도})$$

㊱ 프로펠러의 효율

$$\eta = \frac{\text{출력}}{\text{입력}} = \frac{\rho QV_1}{\rho QV} = \frac{V_1}{V}$$

㊲ 프로펠러를 통과하는 평균 속도

$$V = \frac{V_4 + V_1}{2}$$

㊳ 탱크에 달려 있는 노즐에 의한 추진력

$$F = \rho QV = PAV^2 = \rho A2gh = 2Ah\gamma$$

㊴ 로켓 추진력

$$F = \rho QV$$

㊵ 제트 추진력

$$F = \rho_2 Q_2 V_2 - \rho_1 Q_1 V_1 = \dot{M_2}V_2 - \dot{M_1}V_1$$

㊶ 원관에서의 레이놀드 수

$$Re = \frac{\rho VD}{\mu} = \frac{VD}{\nu}\ (2{,}100\ \text{이하: 층류},\ 4{,}000\ \text{이상: 난류})$$

㊷ 수평 원관에서의 층류 운동

유량 $Q = \dfrac{\Delta P\pi D^4}{128\,\mu L}$ (ΔP: 압력 강하, μ: 점성, L: 길이, D: 직경)

㊸ 층류 유동일 때의 경계층 두께

$$\delta=\frac{5x}{\sqrt{Re}}$$

㊹ 동압에 의한 항력

$$D=C_D\frac{\gamma V^2}{2g}A=C_D\times\frac{\rho V^2}{2}A\ (C_D:\ \text{항력 계수})$$

㊺ 동압에 의한 양력

$$L=C_L\frac{\gamma V^2}{2g}A=C_L\times\frac{\rho V^2}{2}A\ (C_L:\ \text{양력 계수})$$

㊻ 스토크 법칙에서의 항력

$D=6R\mu V\pi$ (R: 구의 반지름, V: 속도, μ: 점성 계수)

㊼ 층류 유동에서의 관 마찰 계수

$$f=\frac{64}{Re}$$

㊽ 원형관 속의 손실 수두

$$H_L=f\frac{l}{d}\times\frac{V^2}{2g}$$ (f: 관 마찰 계수, l: 관의 길이, d: 관의 직경)

㊾ 수력 반경

$$R_h=\frac{A(\text{유동 단면적})}{P(\text{접수 길이})}=\frac{d}{4}$$

㊿ 비원형관에서의 손실 수두

$$H_L=f\times\frac{l}{4R_h}\times\frac{V^2}{2g}$$

(51) 버킹햄의 π정리

$\pi=n-m$ (π: 독립 무차원 수, n: 물리량 수, m: 기본 차수)

ⓜ 최량수로 단면

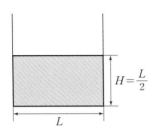 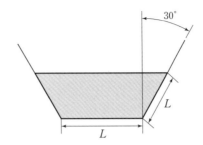

$H = \dfrac{L}{2}$

L

$30°$

L

L

ⓝ 부차적 손실 수두

돌연 확대관의 손실 수두 $H_L = \dfrac{(V_1 - V_2)^2}{2g}$

돌연 축소관의 손실 수두 $H_L = \dfrac{V_2^2}{2g}\left(\dfrac{1}{C_c} - 1\right)^2$

관 부속품의 손실 수두 $H_L = K\dfrac{V^2}{2g}$

(K: 관 부속품의 부차적 손실 계수, C_c: 수축 계수)

ⓞ 음속

$a = \sqrt{kRT}$ (k: 비열비, R: 기체상수, T: 절대온도)

ⓟ 마하각

$\sin\phi = \dfrac{1}{Ma}$ (Ma: 마하 수)

❖ 단위계

	구분	거리	질량	시간	힘	동력
절대 단위	MKS	m	kg	sec	N	$1\text{kW}=102\,\text{kgf}\cdot\text{m/s}$
	CGS	cm	g	sec	dyne	W
중력 단위계	공학 단위계	m cm mm	$\dfrac{1}{9.8}\,\text{kgf}\cdot\text{s}^2/\text{m}$	sec min	kgf	$1\,\text{PS}=75\,\text{kgf}\cdot\text{m/s}$

❖ 무차원 수

명칭	정의	물리적 의미	적용 범위
레이놀드 수	$Re=\dfrac{\rho V L}{\mu}$	$\dfrac{관성력}{점성력}$	• 점성이 고려되는 유동의 상사 법칙 • 관 속의 흐름, 비행기의 양력·항력, 잠수함
프라우드 수	$F_r=\dfrac{L}{\sqrt{Lg}}$	$\dfrac{관성력}{중력}$	• 자유 표면을 갖는 유동(댐) • 개수로 수면 위 배 조파 저항
웨버 수	$W_e=\dfrac{\rho L V^2}{\sigma}$	$\dfrac{관성력}{표면장력}$	표면장력에 관계되는 상사 법칙 적용
마하 수	$Ma=\dfrac{V}{C}$	$\dfrac{속도}{음속}$	풍동 문제, 유체 기체
코시 수	$Co=\dfrac{\rho V^2}{K}$	$\dfrac{관성력}{탄성력}$	―
오일러 수	$Eu=\dfrac{\varDelta P}{\rho V^2}$	$\dfrac{압축력}{관성력}$	압축력이 고려되는 유동의 상사 법칙
압력 계수	$P=\dfrac{\varDelta P}{\rho V^2/2}$	$\dfrac{정압}{동압}$	―

❖ 유체 계측

비중량 측정	비중병, 비중계, u자관
점성 측정	낙구식 점도계, 맥미첼 점도계, 스토머 점도계, 오스트발트 점도계, 세이볼트 점도계
정압 측정	피에조미터, 정압관
유속 측정	피트우트관－정압관 $V = C_v \sqrt{2gR\left(\dfrac{S_o}{S} - 1\right)}$ 시차 액주계, 열선 풍속계
유량 측정	벤츄리미터, 노즐, 오리피스, 로타미터 사각 위어 $Q = kH^{\frac{3}{2}}$ 삼각 위어$=V$, 놋치 위어 $Q = kH^{\frac{5}{2}}$

저 자 소 개

- 공기업 기계직 전공필기 연구소
- 전, 5대 발전사(한국중부발전) 근무
- 전, 서울시설공단 근무
- 공기업 기계직렬 시험에 직접 응시하여 최신 경향 파악
- 공기업 기계직렬 전공 블로그 운영

jv5140py@naver.com

기출변형모의고사 300제
기계의 진리 04

2020. 3. 16. 초 판 1쇄 발행
2021. 4. 12. 초 판 3쇄 발행

지은이 | 공기업 기계직 전공필기 연구소
펴낸이 | 이종춘
펴낸곳 | **BM** (주)도서출판 **성안당**

주소 | 04032 서울시 마포구 양화로 127 첨단빌딩 3층(출판기획 R&D 센터)
10881 경기도 파주시 문발로 112 파주 출판 문화도시(제작 및 물류)

전화 | 02) 3142-0036
031) 950-6300

팩스 | 031) 955-0510
등록 | 1973. 2. 1. 제406-2005-000046호
출판사 홈페이지 | www.cyber.co.kr
ISBN | 978-89-315-3898-4 (13550)
정가 | 19,000원

이 책을 만든 사람들
기획 | 최옥현
진행 | 이희영
교정·교열 | 최성만, 류지은
본문 디자인 | 이미연
표지 디자인 | 임진영
홍보 | 김계향, 유미나, 서세원
국제부 | 이선민, 조혜란, 김혜숙
마케팅 | 구본철, 차정욱, 나진호, 이동후, 강호묵
마케팅 지원 | 장상범, 박지연
제작 | 김유석